互聯網要懂

企業砍掉重練的時間到了

閻河，李桂華 編著

互聯網+時代來臨！
企業轉型？
不！ 你要推倒再來
華麗重生！

崧燁文化

時代在走，互聯網要懂
企業砍掉重練的時間到了

內容簡介

本書以案例分析為主，落地實操。透過對大案例進行連貫性的分析，減少了場景的轉換，提升對企業轉型各方各面的整體把握，內容由淺入深。除了作為新興的電子商務學員學習企業管理和轉型的實操參考書，還能幫助解決傳統企業的高層對互聯網不熟悉、難理解的學習障礙。

第 1 章到第 2 章，主要進行一些理論鋪墊。第 3 章到第 8 章，以製造型企業、服務型企業，實體型企業、線上型企業，風口型企業、過渡型企業，三組對比六個方面，對企業的互聯網轉型進行結合案例實操的分析。最後列舉三對成功和失敗的案例，旨在經過一系列的案例及手法分析解讀後，提醒讀者在面對轉型時慎重選擇，用心對待，要避免重複錯誤。

目前處在企業轉型、個人創業爆發的風口上。有不少企業把商務培訓的重心放在移動互聯網轉型，他們需要把這些商務學員們培養成企業全網策略的頂梁柱。本書詳解部分，每章的案例旨在設置一個完整而連貫的場景，方便讀者代入其中，系統而全面的理解書本內容。

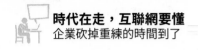

前言

　　隨著互聯網的發展，連接一切的互聯網已經不僅僅只適用於互聯網行業。各大行業的邊界都開始紛紛被打破，互聯網開始真正深入廣泛的被運用。如果跟不上互聯網的步伐，很多企業必然會被互聯網時代所淘汰。

　　在互聯網越來越普及的情況下，我們可以看到互聯網在各方面的巨大運用。實際上，當今時代的互聯網已經不只是為人們生活帶來便利的一種工具，它深深融入了人們的生活，影響著人們的思維方式。在傳統企業的運營之中，不論是生產方式還是經營方式都已經很難再有突破了。而「互聯網＋」則給企業的發展打開了另一個世界的大門。各大企業都紛紛抓住這個機遇進行轉型。

　　在同行業中，轉型的互聯網企業通常具有更強的競爭優勢，這就給還未轉型的企業帶來了巨大的生存危機，那麼這些還未轉型的傳統企業又該如何自處呢？面對這場互聯網浪潮，在特點鮮明的不同行業之中，這些傳統企業應該怎樣布局，才能成功的實現轉型。企業轉型重頭戲是管理、客服、行銷、物流、資金、市場全面互聯網轉型。而相關從業人員體現出對移動互聯網轉型案例詳解、知識介紹的需求，更需要系統化和流暢性的支持。這正是本書想要提供給讀者的，

也是本書的寫作宗旨。

書中提到的兩種傳統企業——傳統型傳統企業和互聯網型傳統企業，是延伸自《互聯網史記：BAT 之外的老牌互聯網巨頭現狀分析》及《那些老牌互聯網公司，現在都混得怎樣了？》等行業文獻。互聯網公司自 1990 年代末到二十一世紀初開始湧現，一大批成功的企業成為當時的科技新銳。然而隨著時間的推移，這些新興互聯網企業變成了老牌，變成了互聯網企業中的「傳統」企業。

關於傳統型和互聯網型：傳統型是以線下實體為核心的傳統企業；互聯網型是以線上業務為核心的企業。傳統型企業改革的重點在於企業結構、客服、行銷；互聯網型企業改革的重點在於物流、資金、市場。也就是說，傳統企業更需要從內部革新，而互聯網企業需要從外部升級。移動互聯網才是互聯網轉型的核心，所謂＋移動互聯網，不只是一種技術，而是一種以移動互聯網技術為支持的經營管理思維，傳統型企業也是在＋移動互聯網，例如海爾小微、工行 e 融購、蘇寧雲商。

由於作者水平有限，書中錯誤、疏漏之處在所難免。在感謝您選擇本書的同時，也希望您能夠把對本書的意見和建議告訴我們。

目錄

內容簡介   iii

前言   iv

**第 01 章
傳統企業要改革**   **001**

1.1   傳統企業知多少 002

1.2   傳統企業有難題 013

1.3   傳統企業底蘊深厚 023

**第 02 章
全網策略方法論**   **033**

2.1   移動互聯網崛起 034

2.2   全面觸網新策略 041

2.3   互聯網轉型監察哨 063

**第 03 章
製造型企業管理優化**   **069**

3.1   【案例】海爾遇到的升級瓶頸 070

3.2   【問題】企業面臨的改革難題 080

3.3   【措施】重構企業和培養人才 087

第 04 章
服務型企業客服創新　　　　101

4.1　【案例】工商銀行的金融服務 102

4.2　【問題】被服務扼住行業咽喉 111

4.3　【措施】產品服務的全面升級 116

第 05 章
實體型企業行銷轉身　　　　127

5.1　【案例】蘇寧的發財致富路 128

5.2　【問題】實體店轉彎很艱難 133

5.3　【措施】雲平台成就新未來 138

第 06 章
線上型企業物流升級　　　　155

6.1　【案例】阿里巴巴發展現實 156

6.2　【問題】買賣門檻阻礙進步 163

6.3　【措施】倉儲和研發來拯救 173

第 07 章
風口型企業資金優化　　　　185

7.1　【案例】百度大佬奮鬥史 186

7.2　【問題】網路企業互聯網坎 193

7.3　【措施】傳統互聯企業逆襲 199

CONTENTS

第 08 章
過渡型企業市場破局   211

8.1 【案例】明源軟體「互聯網＋」.............212

8.2 【問題】軟體商轉型速度危機...................217

8.3 【措施】過渡需要敢為人先.......................223

第 09 章
企業全網轉型的三要三不   239

9.1 要割捨不要頑固..240

9.2 要主動不要拖延..250

9.3 要堅持，不要放棄..258

第01章
傳統企業要改革

移動互聯網時代已經來臨，網路的浪潮已經席捲了社會的各方各面。
不論國家、社會還是市場消費者，都已經被納入這個新型社會結構模
式之中了。作為經濟主體的企業，更是無可避免的參與了這個新世界
的爭奪。顯而易見的是，傳統企業如果不加快自身企業轉型，那麼將
難以適應社會市場的需求。

1.1 傳統企業知多少

傳統企業是相對於互聯網企業而言提出的一個新概念。農業、工業、商業、服務業等各個傳統經濟行業內的企業就是傳統企業。在工業時代或是後工業時代，傳統企業都占據著經濟的主導地位並對經濟發展做出了巨大貢獻。但是隨著資訊化時代的到來，傳統企業如果繼續故步自封，那麼其發展也終將難以為繼，因此為了持續發展，傳統企業必須轉型升級。

1.1.1 傳統企業的「互聯網＋」

2015 年 3 月 5 日，中國政府工作報告中首次提出「互聯網＋」行動計劃。2015 年 12 月 16 日，第二屆世界互聯網大會在浙江烏鎮開幕。在「互聯網＋」的論壇上，中國互聯網發展基金會聯合百度、阿里巴巴、騰訊共同發起倡議，成立「中國互聯網＋聯盟」。而在 2016 年的兩會上，「互聯網＋」更是被提及十二次。

從這個概念被大家認識以來，「互聯網＋」熱度似乎一直是只增不減。談及「互聯網＋」，多數人腦海中浮現的應該都是一種新的經濟機會。尤其被國家提高到經濟策略的高度之後，它的發展又再添一把火。但是很多人依然會有疑問：那麼被談論這麼多的「互聯網＋」到底是什麼呢？傳統企業的「互聯網＋」又是什麼樣的新模式呢？

「互聯網＋」是創新 2.0 下的互聯網發展的新業態，是互聯網形態的發展推動以及衍生的經濟社會發展的新形態。它將互聯網的創新成果融入到經濟社會的各領域之中，使互聯網能優化各

種生產要素的配置，從而提升實體經濟的生產力，增加其創新能力，形成更廣泛的以互聯網為基礎設施和實現工具的經濟發展新形態。其發展呈現出六個具體特徵。

1・跨界融合

「互聯網＋」和傳統企業的融合，實際上就是一種跨界的思維。採用一種開放、變革的思維使各方面的資源得到最合理的利用，產生最大效益。在互聯網不斷發展的未來，為了開拓市場，構建新的經濟形態，互聯網一定會與更多行業進行深度的跨界融合。

2・創新驅動

互聯網的特質就是利用互聯網思維，不斷變革、創新，將發展方式由簡單的資源型、勞動力型、技術型轉變為以創新為驅動力的發展模式。

3・重塑結構

「互聯網＋」不僅僅是與第三產業融合，也在不斷向第二產業滲透。尤其在與第二產業的結合過程中，實際上會大幅度推動第二產業的轉型升級，為第二產業的發展提供新的動力。而且在各種文化結構、地理組成方面，互聯網都將打破以往的種種限制，把整個社會的結構進行各方各面的重塑。

4・尊重人性

互聯網根本的力量還是來自於人。透過互聯網，人們各方面的需求進一步得到滿足，更加充分發揮人的主觀能動性。例如：分享經濟就是透過有償共享資源，一方獲得紅利，一方獲得資

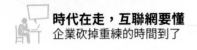
訊，各取所需，滿足了人們不同的需求。完全站在使用者的角度來思考。

5‧開放生態

溝通連接，打破邊界，這正是互聯網思維的可貴之處。以一種開放的態度去構建一個更加廣闊的市場體系，才能創造出更大的價值。在越來越激烈的市場競爭中，必須有多元化的開放觀念，創造一種平衡的生態布局。這樣才能穩定的持續發展。

6‧連接一切

「連接一切」是「互聯網＋」的目標。將不同層次、不同屬性的東西連接起來，構建一個完整、開放、有序的「互聯網＋」發展模式才是經濟最需要的。

「互聯網＋」在發展之中，實際上已經與許多個行業聯繫在一起了。互聯網金融、互聯網工業、互聯網交通、互聯網教育、互聯網農業……但是從現狀而言，「互聯網＋」仍然處於初級階段，各行業對互聯網的利用目前尚處於探索階段。例如 B2B、B2C 等模式的興起，實際上就是傳統企業初步運用互聯網，進行線上行銷的初步嘗試。

即使是初步發展階段，兩種模式的應用依然為經濟的發展帶來了一種全然不同的面貌。「互聯網＋」一個很重要的特點是促進以雲端運算、物聯網、大數據為代表的服務業等的融合創新，發展壯大新興業態，打造新的產業增長點，為大眾創業、萬眾創新提供環境。在越來越深入的發展中，全民的參與度都將得到一定程度上的提高，這也就會推進「互聯網＋」呈現全方位、爆炸

式的發展。

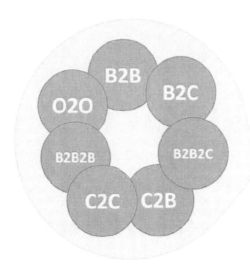

B2B、B2C

　　傳統企業的「互聯網＋」就是傳統企業與互聯網的深度融合，以實現傳統企業的互聯網轉型。在目前的發展中，傳統企業不論是第三產業還是第一、二產業，都在與互聯網行業發生融合。尤其值得關注的是互聯網行業與金融行業的相加。各種創業項目在政策的優勢下正蓬勃發展。

　　在傳統企業與互聯網的深度融合之中，肯定不是簡單的優化升級就能夠做到。其轉型一定會給傳統企業帶來各方各面的影響甚至是巨變。就像是在原來的基礎上生長一個新的公司。可想而知，其難度相較於創業而言，不會有所減小。

　　發展的機遇與風險永遠是相互依存的。傳統企業的「互聯網＋」如果能夠轉型成功，那麼勢必能在這個巨大利潤的市場上

分得一杯羹。而失敗的話，則會面臨破產倒閉的風險。但是在這個「商場如戰場」的情況下，不轉型實際上也是行不通的。時代的浪潮在向前奔湧，靜止不動也就如同是在退步，最後也終將被淘汰。因此，實際上企業只有一個選擇：轉型，而且必須是成功的轉型。

1.1.2 兩種不同的傳統型企業

傳統型企業分為兩種：一種是以線下實體為核心的傳統企業，也更加貼近我們觀念中的傳統企業。還有一種則是以線上業務為核心的互聯網企業。雖然表現形式不一樣，但是二者單向的經營模式實際上是一樣的。單純的線上或者線下實際上都是不夠完整的經營模式，因為在各行業中，由於行業特性的不同，線上或是線下所具有的優勢和缺點都是相對而言的。因此，只有將二者結合起來，才能創造出最大的效益。

1·線下實體經營

在以線下實體經營為模式的企業中，管理結構、經營方式、生產方式、產品結構等都有其特定的方式。數位化程度很低，互聯網上也幾乎找不到關於企業的資訊。企業的整個運作流程都不太需要互聯網的參與。

從生產上而言，過程會比較封閉單一，大規模流水線生產，沒有過多的技術含量。產品以實用價值為主，附加價值會很低，而且生產後得不到反饋，產品的更新換代呈單方向，市場對於產品的評價得不到及時反饋，因而生產者對於市場的反應度會比較差。常會出現某個商品已經不符合人們的生活習慣了，但依然得

不到改善的情況。

但也並不是説傳統企業的生產完全沒有可取之處,傳統企業能夠較大規模的進行集中生產,形成規模化效應。只是在資訊接受度上有較大的不足。

從銷售管道上而言,線下實體經營的企業也有其好處。在實體店中,消費者能夠直接接觸到產品,從而對商品有直接的接觸與了解,能自己判斷商品的品質。

而且,在線下實體消費時,多種不同類型的商品集中銷售時能夠提高整體商品的銷售量。在「逛」的時候,各種琳瑯滿目的商品能刺激人的購買慾望,拉動店鋪的營業額。

但是同時,這種線下的實體經營也有相應的弱點。隨著互聯網商業的發展,足不出戶就能買到商品的方式越來越受到人們青睞。在更加便捷的交易方式面前,線下消費總是使人感覺麻煩。尤其是面對一些較為大型的商品時,如果不能有很方便的送貨方式,而是要顧客自己「搬運」回去,這時,顧客可能就不會想在實體店中消費了。

2·互聯網型傳統企業

與業務完全依靠於線下的傳統企業有所不同,1990 年代末到21 世紀初,趁著互聯網的春風,有一批現在已經堪稱老牌的網路公司興起,在 O2O 的時代,也可以統稱為「互聯網型傳統企業」了,如騰訊、百度、Google 等。相對於傳統實體企業,這些企業更多會以線上服務為業務主體。

這些企業在經營管理方面,資訊量會更加全面充足。得到的

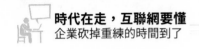
反饋也很及時，能更有效的提高企業經營效率。在這樣一個資訊化時代，相對於傳統企業而言，它們更好的結合了當前的形勢，因而也能創造經濟效益。

在銷售管道上，線上交易較線下實體多了一份風險。由於線下交易多呈現一種無形的、電子化的特點，有些時候，難免會有錯誤發生，而這時，作為顧客，能做的其實是非常少的，因此取得顧客的信任對於這些線上服務行業而言也是非常重要的。這種情況下，多數互聯網型企業採取的方式是先消費再付款。在這樣一種模式下，資金的充足就非常重要了。無論為了周轉還是為了繼續發展，相較於實體企業，互聯網企業都需要更加充足的資金。

當顧客因為便利而選擇線上消費時，這對線上商家而言就成了一個額外的工作了。在這份優勢前，商家必須保證物流上的可靠，為顧客提供真正的便利，這樣才能吸引更多的消費者。因此，如何在增加可靠的物流服務的前提下，依然獲得盈利，是線上商家要思考的問題。

其實，傳統企業和互聯網型企業也並不是不相融合，完全對立的存在。相反，正因為二者各有利弊，能夠互為補充，因此如果二者能夠合作，那麼就能實現利益的最大化。「互聯網＋」的思維模式就是讓互聯網能融合多種產業，或是多種經濟方式相加。

相互融合的思維

　　傳統型企業到互聯網型企業轉變，其實更像是一個升級——在現有的技術工具上的一次成長，卻並沒有真正全面的轉型重生，獲得更加持久的生命力。互聯網型企業就像是資訊化之後的傳統企業。而只有真正從生產、經營理念上對傳統型企業進行改革，以一種互聯網的思維去轉型升級，才能使企業有生機勃勃的活力。

1.1.3 產品與管道與客戶對比

　　從生產到消費，企業盈利點有三個重要的因素。一個是作為生產起點的產品端，一個是作為連接生產到消費的產品行銷管道，還有一個則是作為終端的客戶。這三者基本上構成了企業盈利點的主要節點，隨著時代的不同、產品屬性的變化等種種因素，這三個重要節點在企業利潤中所造成的作用也是不一樣的。

1 · 產品

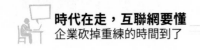
在傳統企業中，產品都是傳統企業的經濟核心。產品的利益基本上決定了企業的盈利空間。但是隨著大生產時代的到來，企業生產產品無論從質還是從量上都已經達到一個相當的水平，其重要地位在經濟鏈中也就開始漸漸下降。而在售貨管道以及客戶方面，才是搶占市場的新關鍵。

在以實體經濟為主的傳統企業中，產品是主要競爭力。以產品為盈利中心時，實際上就只能依靠兩方面來取勝：質與量。要麼加強產品技術研發更新，要麼提高生產效率，取得規模化效益。

但是加大產量獲得的利潤空間其實也並不太大的，因為機械化生產帶來的是一種平均化生產速度。因此，只能加大技術投入研究。這其實有點吃力不討好的意味。升級產品，就要加大研發投入，但是其更新效果卻並不能保證客戶認可。小小的實用性並不會使顧客接受上漲的差價，而又要升級品質又要維持價格，對生產者而言是個極大的挑戰。

當然這只是針對生產簡單的商品而言，如果是生產技術要求較高的行業，或是對一些傳統的有很高文化價值的傳統企業而言，一點點細微的差別，都會造成商品價格的天差地別。例如蘇繡，一點點工藝的區別，都會是影響商品價值的重要因素。在這樣的行業裡，將焦點放在產品上當然是更加重要。

2 · 管道

行銷管道應該説對於大多數行業而言，能夠從產品處節約下更大的利益。而且，幾乎在任何行業，壓縮行銷管道都是很好的提高效益的方式。在傳統企業中，多數企業採用的是間接行銷的

策略。而這種模式對於資源利用和效率而言都是相對較低的。因此，優化產品行銷管道對降低企業成本和提高企業競爭力都有很大的影響。

下圖所示的等級行銷管道，從生產者到消費者成為零級管道；從生產者到零售商再到消費者成為一級管道。生產者到消費者經歷過幾個中間環節就稱為幾級管道。零級管道是效率最高的環節，而三級管道是最為麻煩的管道。

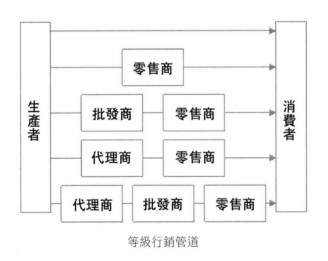

等級行銷管道

在傳統行業中，從一級管道到三級管道都被廣泛運用。在這些間接管道中，產品的價值被大幅度提高，因此造成了很大的資源浪費。而在零級管道中，製造商直接向顧客提供產品，成本得到大幅度下降，相應的，利潤空間也就得到了大幅度增加。所以可以看出，越能壓縮行銷管道，也就越能獲得更大的利潤。

隨著經銷階層的形成，物流行業的不斷完善，行銷管道在產品行銷中所占據的位置也越來越重要。如果能在行銷階段有所革

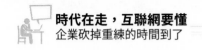
新，那麼對於產品市場而言，還是大有好處的。但是同時，很多商家早已經在這點上有所作為。因此競爭空間和經濟優勢在未來也會越來越小。

3‧客戶

其實不論是實體產品，還是無形的服務，最後面向的終點都是客戶。生產鏈就是一個從產品到顧客的跳躍過程。因此只要把握住終端，很多問題就會變得簡單。

產品要品質好，或是行銷管道的改善，實際上都是在指向一個目的地——客戶。只有站在顧客的角度，為他們著想，讓他們受益，才能擴大產品的市場，從而獲得更大的利潤。因此，其實企業最終盈利的決定性因素就是消費者，也就是客戶。

在客戶方面，有著越來越多的盈利點。增值服務給商品帶來的優勢是顯而易見的。因此服務在商品價值中隱含的價值比重實際上是不斷上升的。比如：同樣的一件商品，在淘寶上售賣，在價格差不多的情況下，更多的顧客肯定是願意選擇有「免運費（包郵）」「送運險費」等標籤的商品。而這樣的服務實際上瞄準的不是商品本身，也不是物流行銷管道，而是顧客的購買體驗。

想要盈利，最終的來源還是顧客，因此只有增強顧客的滿意度，才能更多的盈利。而且實際上，在顧客方面存在的服務行業的利潤空間是非常廣闊的。只有利用好「顧客」這個支點，才能撬起「利潤」這個大球。

產品、管道、客戶，作為三個企業盈利點，其實都是不可忽視的。不論說哪一種在當下更能創造經濟效益，三者對於生產商

家而言，都是不能放棄的。不能因為當下客戶很重要，就完全放棄產品的研發。對於消費者而言，產品的使用體驗才是他們選擇產品的重要因素。只是對於那些生產簡單產品的傳統企業來說，就更要注意從其他方面入手。三個方面其實並不是割裂開來的，只有產品能夠讓消費者更滿意，產品管道讓消費者感受到便利，才能真正使客戶選擇自己的產品。

1.2 傳統企業有難題

在各種情況日新月異的今天，不變就意味著落後、被淘汰。相比互聯網企業，傳統企業實際上最大的弱點在於太過於被動——不引導市場，反而去一味迎合市場。這樣的經營方式、思維方式在並不能取得好的效果的同時，也會使傳統企業最終走向衰敗。而這種被動的特點，從傳統企業的以下幾個方面可以看出來。

落後的傳統企業

1.2.1 人力密集型和傳統思維

人力密集型企業實際上也就是勞動密集型企業。在中國工業化剛剛起步的階段，曾經從國外大量引進這種企業形式。勞動力密集型企業作為企業過渡的一種方式，實際上是中國發展繞不開的一個階段。只是這樣一種生產形式如下面的案例所示，已漸漸無法適應中國經濟的發展狀況了。但是很多勞動密集型企業在過去有著非常強大的實力，到今天也不會立刻就會全部消失，對它們而言，轉型升級已經迫在眉睫。

對於中國很多行業來說，已經感覺到了冬天的寒意。互聯網領域，百度停止了社招，美團和大眾評價合併，攜程與去哪裡合併；基建材料領域，鋼鐵、水泥、煤炭、有色金屬、玻璃等產業處境艱難；輕工業製造領域，家具、服裝、陶瓷等狀況不樂觀。勞動密集型行業最困難。

1．電子

過了一個「十一」長假，東莞金寶電子（中國）有限公司的上千名員工怎麼也沒料到，公司已經將部分生產線搬走了。沒過兩天，10 月 10 日，中興手機一級供應商福昌電子有限公司也倒閉了。

2．陶瓷

在剛剛結束的中國（佛山）國際陶瓷及衛浴博覽交易會上，佛山禪城區區委常委、常務副區長蘇嚴也在開幕式上透露：「我們初步統計，至少有 30% 的企業受到了嚴重影響。」

近年來，珠三角共有 12 家陶企倒閉，主要集中在清遠、佛山、肇慶三地。產能過剩是這次陶瓷洗牌的主要原因，據了解，陶瓷行業產能過剩高達 40%。

3．家具和 LED

房地產的低迷同樣影響了家具、LED 行業。近年來，珠三角地區家具行業有十家企業倒閉，LED 有六家關門。

4．造紙行業

從 2010 年開始，造紙行業也難逃產能過剩引發的洗牌。2015年以來，珠三角有十家紙品包裝企業倒閉。

在傳統企業中，勞動密集型產業占據了很大的比重。在這種類型的企業中，生產呈現流水作業的特點。產品的製作工藝比較簡單。並沒有過多的技術含量，可以批量製造。在工業化初期階段，大多數商品就是這樣一種特點。

勞動密集型企業

在今天，隨著科技的發展，機械化程度的不斷提高，這種企業的工作原本要依靠人力來完成，但是現在都會使用效率更高的機器。而且除了日常生活用品，這種低附加值的商品在市場上能

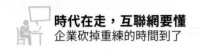

占的份額更是越來越小。批量生產給商家帶來的利潤空間也是在日益縮水。

而這並不是說，機器代替人力就可以改變這種企業的屬性，改變企業面臨的困境。誠然，機器的引進會使企業的生產效率得到提高。但是這樣並不能改變勞動力密集型產業所面臨的困境。市場總會飽和，這種單一化、低技術含量的產業過多不但使競爭越來越大，也會越來越不適應市場的生存環境。因為人力密集型企業面對的危機本就不是生產效率過低，而是市場份額的日益縮小，單一生產模式已經難以為繼。

在這樣一種現象之下，傳統企業真正應該改變的是它落後的思維方式。

1 · 單一的思維

在勞動密集型企業中，多數產品的開發研究都只有一種功能。多數人在一起做一樣的事情，整個企業呈現出一種高度的「和諧」。

單一的生產方式，十幾年保持不變的生產模式——在這種單調的環境下，其各種管理體制實際上都已經僵化了。這種頑固的情況是在多年的重複下累積而成的。因此，在時代的變化下，傳統企業卻不能隨著市場與時代很好的進行相應的變化，這就造成生產效益低下，且為轉型帶來很大的阻力。

這種單一的生產模式其實無法給企業帶來更多的經濟價值。在便於管理的背後，整個企業呈現的是一種單調、僵硬的狀態。

2 · 封閉的思維

　　勞動密集型企業大多只是負責生產，因此所有人聚集在一個大廠房內，集中進行生產，而且他們的任務主要就是生產，除此之外並沒有其他的技術性。工人們不會有，領導集團也沒有這樣一種意識。整個企業就像是一個與世隔絕的孤島，封閉的管理背後是封閉的思維。

　　在越來越多元化的市場上，封閉的思維模式會導致整個企業的保守性，因而錯過很多好的生產合作機會。只有融入當下市場，在市場中尋求多方面的可能，才會為企業發展找到一個新的方向。

3・以「機器」為本的思維

　　在很多勞動密集型企業的生產發展過程中，實際上並不是一種以「勞動力」為主的思維模式。所以他們即使在升級轉型的過程中，首先想到的也是用機器代替人進行生產，以為找到了一條符合當下發展的康莊大道。

「機器換人」

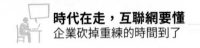

但是實際上，應當說這是緣木求魚的做法。符合當下生產方式的做法應當是「以人為本」，不是以「機器」為本，也不是以「勞動力」為本，而是真正將企業中的人的價值發揮出來。每個人在企業中處於合適的位置，並且吸收眾人的智慧，從根本上去改變企業運作的思維模式，這才是生產力密集型產業轉型的最終目標。

傳統思維的滯後性、保守性、頑固性，都會是傳統企業在市場上占領份額、成功轉型的巨大阻礙。因此，在轉型之前，必須要改變這樣一種傳統思維。

1.2.2 模仿式生產與拉客行銷

傳統企業的生產一般都是以勞動力、資源為依託，缺少技術含量。其產品的特點也是本身就指向實用型。所以這類產品的屬性和生產都會比較單一。即使生產商不同，產品的生產流程也不會有過多新意。這就造成了這種商品都是模仿式的生產。

在這種生產模式下，生產商們爭奪的其實就只是量的問題。因為產品的製作過程簡單，所以其中蘊含的工藝一定也會相對粗糙。這種模仿技能製作的產品，也許在細節處有所差別，但是顧客根本難以體驗到其中的細枝末節。那麼就只是數量的差別，效率高，價格低，市場占有率也就相對大。

隨著互聯網的發展，消費者的需求朝著個性化、多樣化的方向發展。市場的需求以及整個產業的內部發展情況都要求企業能夠依託模仿式的生產，而轉向創新生產。缺乏創新，這種亦步亦趨的生產方式，最終會跟不上市場的腳步。

　　也正是因為這種落後的商品生產方式，傳統企業在銷售上持有的態度也是「開門是客」這種「簡單粗暴」的行為模式。因為對於產品，從製造開始到消費一直都沒有一個定位，只是單純的模仿生產而後投入市場，因而其銷售也帶有非常強的偶然性和隨機性。所以在傳統企業商品行銷過程中，傳統企業採取的一直是一種「拉客行銷」。但是這種硬性「拉客」是沒有前景可言的──沒有特定的消費人群，盲目的尋找客源，就像是以前的農業經濟，豐年則收，荒年則災，收成全憑天意。

　　有些產品的確是有定位的。比如說廚房用具，每家每戶都需要，其定位人群就是整個社會，這樣的定位空泛模糊，基本上屬於沒有定位。而且由於市場的廣闊，產品可複製性的特點，整個市場都會過於飽和。眾多商家爭奪一個市場，「蛋糕」總是不夠分的。因此這樣一種「拉客行銷」與「模仿式生產」，就造成了這些日常用具在銷售和生產上不可調和的矛盾。

　　如果說，對於這樣的線下實體商品行業而言，拉客行銷還只是間接存在的，那麼對於一些線下服務行業來說，這種現象就可謂是普遍存在的了。尤其是在類似旅遊、餐飲、住宿這類服務業中，拉客行銷基本上成為了一種「常駐」的行銷方式。

　　其實這也是商家們面對行業效率日益下滑的無奈之舉，隨著商業的發展，這類行業的市場也漸漸飽和了，競爭壓力越來越大。但是由於利潤較高，所以拉客這種方式也會漸漸興起，成為一個行業。只是透過這種方式，僧多粥少的局面也並不會因此而得到緩解，反而會引發一系列惡性競爭的事件發生，甚至導致違法行為產生。因此，只有從根本上使傳統企業換個發展方式，才

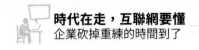
是真正的解決之道。

1.2.3 管理效率低和中層太多

傳統企業的消極被動還有一個非常重要的表現，那就是行政管理低效率。整個企業的運作沒有一個良好的模式，生產效率自然就會變得很低。這樣，整個企業的運作就會漸漸陷入困境。

那麼，到底是什麼導致了企業的管理低效率呢？筆者認為有以下幾點原因：

1・管理機構龐大臃腫

這也是企業管理低效率最根本的原因。當一個公司要供養的閒人太多，整個企業就會有非常大的負擔，企業難以有所「進步」，企業「性格」看起來也會顯得特別懶散，效率自然也就很低了。

在一般的企業中，一般分為高級管理階層、中級管理階層、初級管理階層及生產員工。高級管理階層一般負責最高決策的謀劃討論，初級管理階級直接管理基層員工，中級管理階層則管理初級管理人員，並是高級管理者與初級管理者之間的橋梁。

但是在許多企業中，管理階級的設置卻並不是很好。中級管理階層看似很重要，是整個管理階層中重要的過渡階段。但在一些小企業裡，中層管理者實際上作用是不大的，他們既不像高層管理者那樣制定決策性意見綱領，又不像初級管理者那樣，直接參與到了生產流程中去。不上不下的位置，實際上也並沒有造成很大的作用。

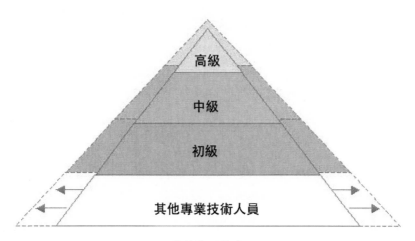

正常的管理模式

　　中級管理階層過多，就是企業中「閒人」過多。看似更多人才能進行更好的管理，但是有的管理其實是沒有實際效果的，增加了只會造成尾大不掉的效果，並不能對公司的實際效益有很大的提升作用。而且由於太多人低效率，整個企業都會被扯後腿。

　　因此要提高企業的管理效率，一定要給企業進行「瘦身」。精簡管理階層，只設立必要的管理階層，讓每個管理階層都能發揮相應的作用，提高管理的工作效率。

　　要提高企業的管理效率，而不是一味減少管理層。一旦過度減少管理層，也會使企業的運行陷入不良的循環中。所以好的管理模式應當是結合企業的具體實際規模，「量體裁衣」，設置管理階層和基層員工的比例。這樣才能使基層操作者和管理者的效率都達到最高，企業的效益才能最大化。

2．管理人員素質不一

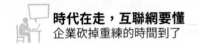

　　作為管理人員，應該是知識水平高，各方面素質優良的公共管理者。企業管理人員素質的提高可以提高組織管理的有效性，能夠實現科學而又藝術的管理。但是在很多傳統企業中，管理人員都是由工作資歷決定的。很多員工工作時間長久，也能漸漸走上管理階層。並不是從員工素質出發決定管理階層，使得企業管理階層員工素質有高有低。

　　這就造成了企業運作上的很多隱性矛盾，很多管理上的小漏洞也就不能及時被發現處理，在企業日積月累的運作之中，這些小隱患漸漸就會危害到企業健康。

3 · 企業管理方法不科學

　　由於部門和環節過多，造成企業管理機構某些部位和環節運轉不靈，往往因爭執現象導致管理低效率。

　　同時由於企業沒有設置解決問題的機構，一般情況下，面對企業出現的問題，只有老闆以及少數管理階層關注，並即興式的參與問題的解決。當老闆在現場發現了一個問題時，把當事人批評或訓斥一通，問題解決了；三天之後，再到現場，又發現了三個同樣或類似的問題時，這回批評、訓斥了三個人，三個問題解決了；幾天之後，又到現場，可能會發現更多同樣或類似的問題……這樣的重複次數多了之後，再敬業勤勉的老闆或管理者也會遲疑和妥協，慢慢的就會放棄進一步的努力，甚至還會為自己的妥協或無能為力找到很好的理由：員工素養不高，團隊執行力低下等。

　　由此可以看出，傳統企業要想改革，就要重新精簡管理結構，從「臃腫」的中級管理階層入手，優化管理結構，提高管理

效率。使公司從管理結構開始擺脫沉重低效的管理模式。

1.3 傳統企業底蘊深厚

這也並不是説，在當下，傳統企業就一定一無是處。事實上，傳統企業之所以能打上「傳統」兩個字的標籤，一定也是經過了一段時間的累積沉澱。在過去的很長一段時間裡，它們也是作為優勢企業占據著市場上廣大的份額。那過去的優勢在今天就完全不存在了嗎？顯然不是。那麼在傳統企業面臨轉型之際，在種種困境之前，它們是不是能夠利用以前的優勢，在這次轉型的機會中，全面獲得重生，取得更好的發展機會呢？

1.3.1 感情深厚而且功底紮實

傳統企業相對於互聯網企業，敗就敗在「傳統」二字上。但是成也成在「傳統」二字上。一個企業在市場劇烈的變化之下，仍然能繼續存活，很顯然不是簡單的運氣就可以解釋的。雖然在當今市場不能很好的適應經濟發展的需求，但是在過去的時間裡，一定也是從漫長的經營中，積累了許多經驗及名聲，才能繼續在市場上存活下去。

1980 年代，李·艾科卡因拯救瀕臨破產的美國汽車公司巨頭之一的克萊斯勒而名聲鵲起。今天，克萊斯勒公司又面臨另外一場挑戰：在過熱的競爭和預測到的世界汽車產業生產能力過剩的環境中求生存。為了度過這場危機並再次成功的進行競爭，克萊斯勒不得不先解決以下問題：

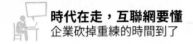

首先，世界汽車產業的生產能力過剩，意味著所有汽車製造商都將竭盡全力保持或增加它們的市場份額。美國的汽車公司要靠增加投資來提高效率，日本的汽車製造商也不斷在美國建廠。歐洲和韓國的廠商也想增加他們在美國的市場份額。艾科卡承認，需要對某些車型削價，為此，他運用打折和其他激勵手段來吸引消費者進入克萊斯勒的汽車陳列室。可是，艾科卡和克萊斯勒也認為，價格是唯一能得到更多買主的方法。但從長期性來看，這不是最好的方法。克萊斯勒必須解決的第二個問題是改進它所生產汽車的品質和性能。艾科卡承認，把注意力過分集中在市場行銷和財務方面，而把產品開發拱手讓給了其他廠家是不好的。還認識到，必須重視向消費者提出的售後服務的高品質。艾科卡的第三個問題是把美國汽車公司（AMC）和克萊斯勒的動作結合起來。兼併美國汽車公司意味著克萊斯勒要解僱許多員工，這包括藍領工人和白領階層。剩餘的員工對這種解僱的態度為從憤怒到擔心，這給克萊斯勒的管理產生巨大的壓力：難以和勞工方面密切合作、迴避騷亂，確保汽車品質和勞動生產率。

為了生存，克萊斯勒承認，公司各級管理人員和設計、行銷、工程、生產方面的員工應通力協作，以團隊形式開發和製造與消費者的需要相匹配的品質產品。克萊斯勒的未來還要以提高效率為基礎。今天，克萊斯勒一直注重降低成本、提高品質並靠團隊合作的方式提高產品開發的速度，並發展與供應商、消費者的更好關係。在其他方面，艾科卡要求供應商提供降低成本的建議——他已收到上千條類似的提議。艾科卡說，降低成本的關鍵是「讓全部的一萬名員工都談降低成本。」

艾科卡已從克萊斯勒公司總裁的職位退休。有些分析家開始預見克萊斯勒的艱難時光。但一位現任主管卻說，克萊斯勒有一項大優勢：它從前有過一次危機，卻度過了危機並生存下來，所以，克萊斯勒能夠從過去學到寶貴的東西。

相較於剛剛形成的企業，傳統企業已經優化了內部結構，實際上已經掌握了一條最適合企業本身運作的發展規律。當企業慢慢走上正軌，很多看似是危機的情況也能迎刃而解。就像是武俠小說中內功深厚的高手，無論對手的招數如何新奇高強，都能在最快的時間裡將其化解。而且，在企業運營過程中，就已經是解決了很多問題，在面對外部挑戰時，傳統企業並沒有「年輕企業」那麼脆弱，相反，它能更快走出危機，完成自身的轉型升級。

在一些傳統企業中，實際上它們的發展在取得一定的模式的情況下，在發展過程中已經形成了帶有自身特色的發展理念。如格力的傳統「巨頭」公司中，早已經形成了一套非常完善的精神理念，比如：在隔離的企業文化中，其企訓是「忠誠、友善、勤奮、進取」；企魂是「給消費者以精品和滿意，給創業者以機會和發展，給投資者以業績和回報」；企略是「運用雙贏智慧尋求發展空間，實施規範管理啟動創新機制，容納多種聲音構築和諧環境，追求個人夢想創造格力奇蹟」。

在企業內部，員工和管理者都深深接受這樣一種企業文化，願意為企業發展貢獻自己的力量，整個企業在這樣一種精神狀態下呈現出非常強的凝聚力。內部結構自是非常完整，運營效率也非常高。當企業出現落後的困局時，上下一心，自然也就能夠更為輕鬆的轉型。

1.3.2 品牌響亮以及粉絲眾多

其實說到傳統企業，每個人應該都是很熟悉的。生活中我們使用的日用品大多是傳統企業生產的。最大的日用品生產公司當

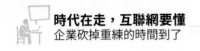

屬寶鹼。洗衣粉、洗衣皂、牙膏、沐浴露、護膚品等生活中的各方各面幾乎都與這個公司相關。在分類如此廣泛的商品之中，使用人群當然也很大。在這樣的企業中，即使互聯網的發展給它們帶來了影響，但是也幾乎讓人察覺不到。

在這種類型的公司中，品牌在全球都是得到認可的。線下實體商品即使不在網上出售，也依然得到群眾的青睞。在這樣的企業之中，粉絲們不會因為互聯網行業的發展就放棄對其商品的購買。它們已經融入了群眾的生活，變成了一種必需品。那麼在轉型過程中，實際上也是不會對企業帶來很大的實質性影響。

還有很多企業，也許他們並不像寶鹼那樣讓人耳熟能詳，但是因為品質優良，在悠久的歷史發展中積累了一批廣大的粉絲群體，品牌也廣受好評。那麼相對於新型企業來說，甚至這種企業的發展會更有優勢。因為在轉型過程中，還是會有相當的銷售量，這就增加了轉型成功的可能。尤其是自身優勢擺在那裡，轉型成功後，企業勢必會以更加迅速的速度發展。

1.3.3 傳統企業互聯網＋－×÷

傳統企業的「互聯網＋」，就是傳統企業與互聯網的價值聯合。其最大的特點就是把企業和用戶拉到了同一個平台上，使用戶與企業之間的交流更加直接方便。那麼傳統企業和「互聯網＋」到底怎樣聯合呢？也就是說，「互聯網＋」到底加的是什麼？這還是一個需要仔細思考的問題。

1‧互聯網「＋」

傳統企業向互聯網轉型，首先要做的就是將互聯網加入企業

的生產運營中。傳統企業單一的生產模式顯然是不能適應當前經濟社會的，而互聯網的加入，意味著傳統企業將和一個多螢幕、全網、跨平台用戶的模式相結合。

傳統企業單一面向生產的情況也將隨之更改。傳統企業在製造商品時，和用戶之間的交流溝通並不會很多，對市場反應的靈敏度很差，生產方式因為簡單所以相對封閉。整個生產鏈中，生產者、商家、消費者關聯度較弱。而加入互聯網之後，企業可以透過直接接觸用戶，從而了解市場對產品的具體反應。增加產品的技術含量，使產品更加有清晰的市場定位，以此獲得更大的效益。

在過去，傳統企業售賣商品的地點也比較單一，通常都是線下實體店鋪。在增加互聯網之後，則可以透過多種消費平台出售自己的商品，商品能夠出售的概率也會大大增加。多螢幕、全網意味著消費效率和消費行為的增加，勢必也會為生產商帶來更多機會。

在加入互聯網的同時，無形之中也為傳統企業增加了一個非常重要的功能——服務功能。生產商能和顧客直接聯繫，這意味著生產者能夠為顧客提供更多便利，例如：直接出售商品、為顧客提供品質保證等服務，使產品的附加值能夠有所增加，為企業獲得更多的市場份額。

2 · 互聯網「-」

在為傳統企業加上互聯網的同時，實際上也在為「負擔」過重的傳統企業做減法。想要獲得利潤，要麼增加產品利潤和銷

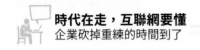
量，要麼減少生產成本。而互聯網的應用，會減少傳統企業的成本，提高企業的資源利用效率。

➤ 減產品

傳統企業在過去很長一段時間的發展中，已經相對成熟了，商品銷售的競爭壓力也就越來越大，因此傳統企業現在面臨的一個很重要的問題就是產品賣不出去。除了因為上文分析的傳統企業的傳統思維和模仿式生產，還有一個原因，就是產品線過多過雜，而沒有一個聚焦點。這樣的一個缺點在面對龐大繁複的互聯網時就會顯得特別明顯。缺乏聚焦的核心就會很容易淹沒在廣大的資訊流中。因此，小米手機在一開始只聚焦於做一款產品，就能引起非常集中的關注。

在「減產品」上，很多傳統企業容易覺得互聯網企業的優勢太大，因此不敢輕易推廣自己企業的優勢產品，而是重新開發差異化但是缺乏競爭力的產品。這樣就會造成大量的資源投入，但是往往取不到好的成效。在這一點上，蘇寧就做得很好。在向電商轉型的開始，就將產品定位主要放在電子產品上。一說到蘇寧，大家想到的就是各種電器，的確，蘇寧很成功的在這一塊打開了市場。

所以可以看出，傳統企業在向互聯網企業轉型時，要注意找到自己的優勢產品，學會自我定位。而不能從一開始就自亂陣腳，迎合市場，做出低效率的努力。「減產品」不是盲目減少產品，而是要學會重點關注優勢產品，學會聚焦。

➤ 減管道

正如前文分析的，「減管道」就是要壓縮企業管道，只留下關鍵有效的管道。盡量減少管道層級，提高行銷效率，降低企業成本。傳統企業在管道領域常常關注的都是第三方管道，例如超市、零售商、賣場等等。這些管道的成本較高，但是實際效益並不高，而且，這些賣場的構建需要的時間往往都比較長。類似報刊、雜誌、傳單，這類用戶群的覆蓋率和觸及率都很低。相反，在互聯網時代，因為互聯網交互一切的特點，將時間和空間的距離都縮減到了最小。企業和用戶之間的交流也越來越直接，越來越密切。線上的關係更加方便而且親近。

所以說，線上管道更加能夠整合集中，聚焦於幾個關鍵的管道，各方面的交流都能得到更有效的反映和處理。減去那些占用大量資源的線下實體成本，對於企業盈利而言是非常重要的。

但是，在互聯網上「全面撒網」的行銷方式同樣是不可取的。那樣只是相對線下而言少了很多資源型的浪費。盲目的大面積推銷產品，也會產生很多「垃圾型」的推廣，這樣的推廣有時不但不能造成好的宣傳作用，還可能因為過度的行銷，使顧客們產生反感心理。

傳統企業一定要完全改變以前的思維模式，不能一味求快、求多，而是要注重品質行銷。在合適的地點、合適的時間說合適的話，找到適合自己的、和互聯網結合的途徑。

➤ 減員工

減員工不意味著要大肆裁員。而是要建立一套更加良好的企業運作系統，以適應互聯網的生產模式，推進企業的改革。當一個電商團隊申請一筆行銷費用，需要蓋 N 個章，走 N 個流程，十

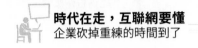
天半個月才能拿到款時，當一個銷售團隊在抱怨互聯網客戶如何品質低下時，當一個公司遍布中國各地的經銷商管道集體抵制互聯網客戶時，當一個企業想要改進一項產品，專門特供給互聯網用戶，卻發現產品線根本無力調整時，就需要的一場企業內部的「大換血」。

在互聯網時代，效率是最重要的。再好的產品，再好的服務，一旦低效率，轉眼也就被拍在了時代的沙灘下。而各種組織過於細化時，那些原本適應傳統生產模式的完整的流程就會變成企業在互聯網轉型時，各種業務的枷鎖。因為互聯網型企業相對於傳統企業，有著更加靈活的處理方式，並不像傳統企業那樣，要一板一眼，程序複雜完整。因此，傳統企業必須要改變生產經營的模式，也就是說，要使整個生產流程都「活」起來。

企業面對不確定的互聯網時代需要做的是建造可以快速突擊的「艦艇」，而且一定是脫離母體獨立生存的，不依附於原有的管道和業務體系。只有脫離母體存在，它所受到的阻力才是最小的。

近幾年，國美在線在電商方面取得了非常好的成績，甚至提出了衝刺「前三」的口號，而實際上國美在線發展的趨勢也的確很充足。國美在線今天能跑這麼快，其中非常重要的原因，一方面是它不依附於國美線下管道的獨立法人單位，有發展和經營策略上的最大自由度；另一方面，線上業務團隊為適應互聯網需要，在內部廣泛推廣了「快速行動、協作創新，人人都是 CEO」的企業文化，採用「小微組織」和「蜂巢效應」，跨部門橫向溝通，而不是縱向匯報，所有決策和流程盡量縮短。控制每個項目核心參

與人數，同時給項目負責人很大的權限，能夠調動公司內部所有資源支持，又對他有嚴格的激勵機制，做到高效快捷。

3 · 互聯網「×」

相對於「互聯網＋」而言，「互聯網 ×」的效率應該會更大。「互聯網＋」，顧名思義，就是將互聯網和其他產業相加，以求得相加後的整體效益。在這種思維模式下，更讓人關注的是相加雙方的共性，在共性的基礎上獲得共贏。但是「互聯網 ×」就是從雙方的差異性著眼，不再是一對一，而是一對多的上網思維模式。簡而言之，「互聯網＋」更加注重單向性的量的變化，而「互聯網 ×」則會更加深入，追求整體的協調和最佳的融合方式。

在企業「互聯網 ×」過程中，會更加注重著力點，找到著力點然後相乘才是最關鍵的。比如：戴爾電腦的互聯網轉型之——在互聯網革命開始之時，戴爾電腦就抓住商機，將自己的業務放到互聯網上。在 B2C 行銷模式的推動下，戴爾按照互聯網的要求將自己原有的運作模式進行了相應的更新，從而更好的適應了互聯網時代的商業運營模式。同時開發了銷售、生產、採購、服務全程的電子系統。用 B2C× 個性化服務，大幅度提高了客戶對商品的滿意度，也因此成為了全球知名的電腦商家。

「互聯網 ×」更多的採取的是調節力度 × 範圍的公式，只有雙管齊下，從兩方面入手，才能將各種重點因素實現深度融合，也才能使企業的效益得到成倍增長。

4 · 互聯網「÷」

與「互聯網 ×」一樣的是，「互聯網 ÷」同樣要找到著力點，

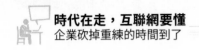

透過簡化各種要素，整合各類資源，來實現企業的大幅度盈利。

比如：從資訊傳播上來看，資源就像是一個分數的分子，而傳播平台就像是分母。很多時候，若一個資源發布過度，並不會有很好的傳播效果，而只有找到精準的傳播平台，才能使各種資訊更加有效。也就是說，只有在各種平台上準確投放資訊，實現資源整合，才能降低經營風險，使資源更有效更合適的傳播。

因此，符合實際的精準行銷才能真正造成效果。而實現互聯網 ÷ 就是要實現資源整合，提高企業的效率。

第 02 章
全網策略方法論

「互聯網＋」正在持續發展，而且勢必會帶來更大的經濟增長點。傳統企業依靠著種種優勢在過去創造了輝煌的成績，這些優勢在今天卻已不再適用，傳統企業也面臨著不得不轉型的困境。傳統企業能夠在過去發展繁榮也正是因為把握住了時代的潮流。因此，為了繼續更好的發展，傳統企業要與時俱進，依靠自己強大深厚的歷史累積沉澱，在與互聯網＋融合後，獲得更加快速的發展。

在第 1 章詳細介紹了「互聯網＋」的概念，以及傳統企業的發展現狀之後，可以看出傳統企業的互聯網轉型勢在必行，那麼該怎樣使傳統企業實現互聯網轉型呢？這不是能一蹴而就的事情，而是需要傳統企業在了解轉型的各種方法之後，根據自身情況做出計劃，一點一滴的改變。

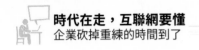
2.1 移動互聯網崛起

　　移動互聯網就是互聯網的技術、平台、商業模式、應用與通信技術結合併實踐的活動的總稱。移動互聯網透過移動營運商提供無線接入，互聯網企業提供各種成熟的應用，結合了移動隨時、隨地、隨身和互聯網分享、開放、互動的優勢。移動終端設備的發展和 4G 時代的開啟，為移動互聯網的發展提供了巨大的推動力。

　　在移動互聯網崛起過程中，實際上是有著幾個階段的。移動互聯網這個概念最初的發展應該追溯到「移動夢網」上來。手機用戶可透過「移動夢網」享受到移動遊戲、資訊點播、掌上理財、旅行服務、移動辦公等服務的模式實際上已經初步具備了移動互聯網的雛形。但是由於無線領域的發展尚是空白，沒有經驗可借鑒，也沒有具體的發展前景導向，整個行業的發展顯得舉步維艱。另一個轉折點出現在 2009 年，此年也是中國的 3G 元年，給中國移動、中國電信和中國聯通都發放了 3G 牌照，中國也正式進入第三代移動通信時代。3G 手機的主要服務應用除了手機支付外，還包括手機視頻、資訊閱讀、影視點播、遊戲、GIS 地圖等，為用戶提供了個性化、內容關聯和交互作業的應用。隨著 2013 年工業和資訊化部正式發放 4G 牌照，中國通信行業正式進入 4G 時代，而這也為移動互聯網的發展帶來了又一次的爆點。移動互聯網終於在 4G 時代中有了爆炸式的發展，而這也為互聯網經濟帶來了全新的氣象。

2.1.1 電商興造成人口瓜分戰

在 3G 時代，移動互聯網為用戶提供了線上支付的功能，這也就促進了線上電子商務的興起。電子商務廣義上是指在商業貿易活動中，在第三方交易平台上，實現消費者網上購物、商戶之間網上交易和在線電子支付以及與各種商務、交易、金融相關的綜合性服務活動的新型商業模式，主要分為 ABC、B2B、B2C、C2C、B2M、M2C、B2A（即 B2G）、C2A（即 C2G）、O2O 九種電子商務模式。而狹義的電商就是電子交易的意思。

電商的興起首先得益於互聯網的發展。在互聯網的普及下，資訊的流通越來越便捷，越來越快速。資源商品的整合以及行銷管道都不再有壁壘。人們的生活水平也不斷提高，對生活品質的要求也越來越高。此時，在消費者和商家之間就形成了一個更加親近的關係。消費者對各地的商品都能有所選擇，這才是消費者真正想達到的目的。此時，溝通賣家和第三方交易平台的電商行業就能有很大的盈利點了。

電商在國外發展得很早。早在 1996 年年底，全美五百家最大的公司已經有一半在網上開展行銷，而網上行銷也取得了非常好的效果。在中國，引領電商興起的當屬 1999 年馬雲創辦的阿里巴巴。阿里巴巴採用 B2B 商業模式，為商家與商家構建了一個線上交易平台。而隨後將阿里巴巴推向高峰點的是馬雲在 2003 年創辦的淘寶網，淘寶網的誕生，為眾多電商打造了一個良好的發展平台。C2C 模式的應用為更多的買家向商家的轉變提供了便利，幾乎創造了一個全民電商的平台。

隨著阿里巴巴的盈利，越來越多的平台開始出現。B2C 的京東、噹噹、蘇寧等電商平台開始興起。高盈利的行業，巨大的市

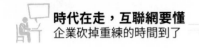
場空白，都是電商發展的有利條件。所以在電商起步之初，一部分電商企業大張旗鼓進行轉型升級，產生了巨大的盈利。而這些巨大的盈利，都是由人口紅利帶來的。

人口紅利本來是指一個國家的勞動年齡人口占總人口比重較大，撫養率比較低，為經濟發展創造了有利的人口條件，整個國家的經濟呈高儲蓄、高投資和高增長的局面。電商在起步之初也經歷了非常相似的階段。由於跳躍式的社會發展階段，中國適齡網友增長速度非常快，這些電商得以享受人口紅利，取得飛速發展。

在擁有這樣的「人口紅利」的黃金時期，這些電商大企業基本上處於「衣食無憂」的狀態。

如果一個企業用戶增長超過了市場平均水平，而每個用戶的平均收入沒有提高，那麼其市場份額也會隨之擴大。如果企業用戶增長並沒有達到市場平均水平，但是每個用戶的平均收入有所增加，那麼市場份額也不會太低。而如果企業用戶增長沒有達到市場平均水平，每個用戶帶來的平均收入也降低了，那麼即使總利潤增長了，市場份額也會有所下降。如新浪、搜狐在人口紅利初期就出現過這樣的情況。

由此可以看出，電商想要占領市場就必須獲得超過平均水平的用戶量，或是每個用戶給企業帶來的利潤都應該超過市場平均水平。

而在互聯網的繼續發展中，人口紅利也在漸漸縮小。從 2007 年同比增長 50% 左右的速度到 2014 年開始 8% 左右的同比增長率。早在 2010 年左右，互聯網的「人口紅利期」就已經接近結

束,而是進入了「人口紅利後期」。

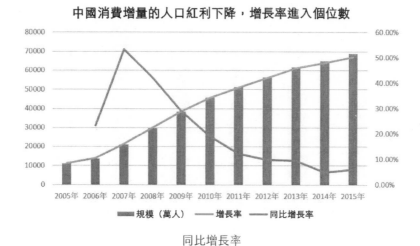

中國消費增量的人口紅利下降,增長率進入個位數

■規模(萬人) ── 增長率 ── 同比增長率

同比增長率

在人口紅利越來越少的情況下,商家們也就開始了對紅利的爭奪,以占領和奪得市場份額。原本在各自領域「獨善其身」的企業,開始了對其他商家的侵襲,都希望像在人口紅利初期的場景一樣,依賴用戶的增長維持自己的市場份額。這種想法就導致了幾個領域內的領先者們迅速在紅利越來越緊張的情況下,加緊對用戶的瓜分與爭奪。

2.1.2 智慧手機時代的微行銷

近年來,移動終端設備的發展也非常快速。移動互聯網的巨大前景也將各電商的目光吸引到智慧手機上來。移動互聯網終端的大數據能否代替人口紅利,為各電商帶來新的利潤爆點呢?

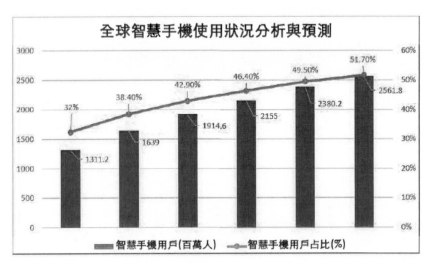

智慧手機分析與預測

　　由上圖可以看出，現在智慧手機的用戶已經超過了全球總人口的三分之一。可以說智慧手機改變了人們的生活方式。許多要在電腦上完成的事情，現在透過小小的智慧手機就能實現。智慧手機已經成為最便捷的互聯網終端。

　　原來的各大電商漸漸也不再是電商市場上的唯一商家。移動互聯網終端的發展使每個人都可以成為電商商家。隨著智慧手機的發展，每個人的生活都變得越來越獨立，越來越有差異性，網路社群的迅速發展更是超出所有人預料。在當今時代，誰擁有越多的「人氣」，誰就能創造更大的價值。資訊化、數據化只有依靠社群才能創造出經濟效益。這時候，移動終端的「微型電商」就產生了。

　　微商是一種社會化移動社群模式。它是在微信「連接一切」的基礎上，依靠在朋友圈的熟人中介紹自己的產品，實現社群分

享，是商品推薦的一種模式。

這種行銷模式相對於傳統電商有著非常明顯的優勢。在人口紅利結束的今天，這樣一種行銷方式相對於傳統大型電商而言，能創造更大的經濟價值。因為作為微商，有著以下幾點優勢。

1 · 推廣更加頻繁、方便

在智慧手機飛速發展的今天，幾乎每個人都有一個微信號。而這對電商而言，就是一個非常廣闊的市場。它不像傳統電商的用戶那樣針對的是廣闊的互聯網用戶群眾，相反微商的客戶群體只是微信好友中的人。只要能夠多吸引好友就是在為自己增加客戶。

而這樣一來，推廣就變得非常簡單了。在朋友圈裡發一個連結，大家就都能看見。這才是一條有用的資訊。而且，在朋友圈中發文次數是沒有限制的。這也就意味著可以多次推廣自己的產品。不過當然，這也是要在大家不屏蔽你的情況下才能得到成效。因此，如何讓朋友圈的人接受你的廣告，也是非常重要的方面，必須要採取一定的方式，而不能一味直推直銷。

2 · 更容易取得信任

朋友圈中的人一般都是自己的熟人。這樣的關係使推銷起產品來更加容易。因為彼此之間的關係，好友們更能信任你。同樣一件產品，朋友介紹和陌生人推薦是完全不一樣的效果，你可能不會理陌生人，但是會停下來看看朋友的推薦。

這是在利用熟人關係行銷。這樣的行銷通常成功率會很高。但是如果為了行銷而行銷，不只會造成生意上的失敗，也會傷

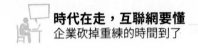

害朋友之間的關係。所以在這樣一個關係度高的空間裡，資訊真實很重要，不能將別人對你的信任透支使用。例如：個人微商發展之初的那些打上「瘦身」「美容」「排毒」等標籤的實品，如纖體梅。

這樣一種食品，並沒有廣告中所說的功效，而只是微商們欺騙消費者的一種產品。這種情況下，不但這種商品得不到好的銷售量，微商自己也會名譽受損。

這更像是一個分享型的產品交流，在此基礎上，獲取朋友圈的信任，這才是微商長遠發展之路。

3 · 低門檻

低門檻是最重要的。生意的本質就是買貨賣貨，即買賣。沒有微商之前，做買賣的門檻是很高的，如果做一個零售商，開個店，裝修，進貨，這些都需要錢，少則幾萬，多則幾十萬，如果你不是做零售、做批發或做經銷商，需要的資金則更多，批發商和經銷商都是需要庫存的。而在淘寶上開店也是需要一定的投資成本的。

反觀微商的門檻，真的很低，創業前期的投入可以降到最低，幾乎相當於零投資。

其實除了個人微商，還有許多是微信官方提供的小工具。例如：微信小店、京東微店等採用 B2C 模式的社群移動電商。

實際上這些公眾大號微商相對於個人微商而言，有著更加完善的基礎交易平台、社會化分銷體系、社會化客戶關係管理系統和售後維權機制，更能健康良性發展。雖然現在個人微商的發展

現狀十分火爆，但是這些公眾大號漸漸也會成為電商新熱點。

2.2 全面觸網新策略

在傳統企業向互聯網轉型的過程中，傳統企業的各方各面都需要轉型。全面向互聯網型企業邁進，才是傳統企業的成功轉型之路。

無論是在企業管理、客服系統、售前服務還是在物流、融資、市場方面，傳統企業的運作方式都已經不再適合互聯網型企業的發展了。下面就從這幾個方面入手，介紹傳統企業向互聯網型企業轉型的各方面策略。

2.2.1 企業管理結構互聯網化

互聯網最大的一個特點就在於連接一切以及大數據的功能。透過互聯網，各種資訊都能集中連接，彙集成一個龐大的數據系統。在這樣一個系統中，會有更多的關於決策管理的資料資訊，使企業的管理更加科學。

傳統企業一般是金字塔層級的管理模式，也就是一種自上而下的「金字塔式」的層級結構，最高管理者決定最高的決策，負責中層管理階層的管理。中層管理階層負責下層管理階層的管理。這種類型的管理組織模式誕生於二十世紀的工業化浪潮，傳統企業的特徵是改良、完善、規範、效率、穩定，用精益管理和嚴謹的層級體系在延續性創新上不斷成長，透過標準化、制度化、體系化的企業內部管理模式為社會推廣提供標準化的產品和

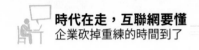

服務。實際上，這樣的管理方式效率是很低下的。最高管理者的決策層層傳遞下來後，不只會變得臃腫不堪，決策者的原意也很難實現。

而且，在傳統的結構組織中，命令自上而下傳達，員工們只是服從於最高指揮，沒有自主權利，長此以往，必定會形成一種「唯上」的思想，一切以領導的思想為核心，這就會滋生出「官僚主義」，對公司的具體運營產生巨大影響。

但是互聯網式的管理模式相對於傳統企業而言，就「扁平化」了。微信群或企信群將整個企業的員工拉到了一個平面上，資訊對於所有員工都是平等的、開放的。這時，企業內部的員工就能根據決策的執行情況參與到決策中去。

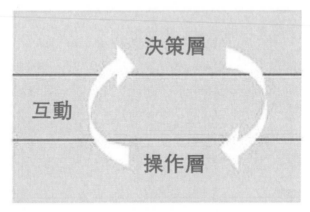

扁平化管理

互聯網時代，用戶才是企業最重要的導向。只有不斷拉近企業和用戶之間的距離，才能真正為企業創造實質性的價值。在一個企業中，只有基層執行人員才是最接近市場和消費群眾的人，

對產品或者服務的評價這些基層員工也最為熟悉。這種情況下，只有讓企業的基層員工彙集市場和客戶的具體反映，這樣「層層向上」的傳遞資訊，才能使整個企業做出真正科學的決策。在企業「扁平化」的管理結構中，基層與高層領導者的便利的互動，會提高整個決策的效率和科學性。

在互聯網時代，「小前端＋大平台」是很多企業組織變革的「原型」，以內部多個價值創造單元為網路狀的小前端，與外部多種個性化需求有效對接，企業為小前端搭建起的後端管理服務平台提供資源整合與配置。企業組織將成為資源和用戶之間的雙向交互平台。

韓都衣舍作為一個出色的女裝電商品牌，從最初代購韓款女裝，統一標識，形成自己淘寶品牌的模式，到透過代購款式，自己選樣找工廠批量生產，完善供應鏈，建立小組制，打響品牌而後拓展到多品牌，到如今建立起一個以小組制為核心的單品全運營體系，透過自我孵化和投資併購兩種方式，打造成一個基於互聯網的時尚品牌孵化平台。

韓都衣舍的小組制單品全程運營體系就是「小前端＋大平台」的組織結構的典型體現。賦予小組很高的自治權，透過小組這樣一個小前端，準確把握住市場，並將意見返還給最高決策群，使最高管理者擬定適合市場的策略決策。

在「互聯網＋」時代下，「小前端＋大平台」的互聯網化的組織結構是未來企業組織結構變革的方向，韓都衣舍透過小組制和服務平台得到了快速發展；海爾將金字塔管理結構改變成倒金字塔結構，將八萬多人分為兩千個自主經營體，提倡進行「企業平

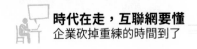

台化、員工創客化、用戶個性化」的「三化」改革；阿里巴巴也把公司拆成更多的小事業部來運營，透過小事業部的努力，把商業生態系統變得更加透明、開放、協同和分享；這些成功的企業，都是因為首先在管理層上進行了變革，才能使整個企業的運轉符合互聯網時代的各種特色，在互聯網時代中脫穎而出。

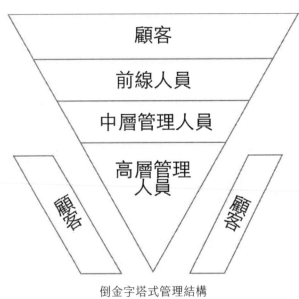

倒金字塔式管理結構

　　構建這樣一個扁平化的企業管理模式，肯定也有其需要注意的地方。在已經充分能夠連接高層管理者和基層執行者的管道上，還要保證資訊的通透性。雙方要能隨時保持聯繫溝通，這就要求所有人都能實時在線。其次，在整個交流過程中，要有足夠的效率。資訊發出、響應、提交和回覆都要及時，而且每個環節都不能少，都成一個完整的鏈條式結構。最後，決策者的決策應該是動態的，隨時根據新資訊採取敏捷的決策，用數據科

學決策。

互聯網時代要求的肯定是符合互聯網特徵的靈活性管理。只有打破傳統管理模式上的束縛，釋放企業的潛力和活力，企業才能在瞬息萬變的互聯網時代站穩腳跟，平穩發展。

2.2.2 客服系統的互聯網升級

互聯網的發展，改變了互聯網用戶們的操作習慣，也對客戶服務工作提出了新的要求。在如今「用戶至上」的發展模式中，能夠關注顧客的需求，為顧客創造一個滿意的服務體系，對於企業運營有著非常重要的意義，那麼該從哪些方面重新構建互聯網客服系統呢？要回答這個問題，首先應從客戶方向的要求和客服管理體系兩個方面來考慮。

1 · 客戶方向的要求

從目的入手是最快速、最有效的方式了，怎樣讓客戶滿意就是客服最終要解決的問題，因此站在客戶的角度思考這個問題就會有很明確的方向。

➤ 管道要多元

多元化的管道就要求服務管道的進一步完善。要將營業門市、俱樂部等這一類的實體服務管道，電話這一類的語音服務管道，微信、微博、在線客服這一類的自助服務管道等聯繫起來，構建一個「一點接入、全網共享、高效運轉、快速響應、便於管理」的客戶服務體系。

➤ 服務標準化

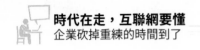

服務管道越是多元化，對廢物標準化的要求也就越高，因為對於客戶而言，不論是在哪一種服務管道上，都需要得到統一的標準化服務。也就是統一的服務接觸、統一的服務流程、統一的服務規範、統一的服務態度。因此對於後端客戶服務也提出了新的要求。

2．客服管理體系

統籌好客戶運營管理系統，也是構建互聯網客服系統非常重要的一個思考方向。只有在一個好的管理體系下，才會有順利的運營情況。從客服管理體系來說，又要注意以下幾點。

➢ 優化服務管道的承載力

分析不同客戶群的資訊，了解不同客戶群的服務行為、管道的業務承載情況以及客戶群體對管道的選擇，構建「客戶—業務—管道」模式。為不同的客戶定做不同的模式，在管道上進行「分流」。引導不同業務需求、不同管道偏好的群體到特定管道進行操作。例如引導新入網的年輕客戶使用 SMS（簡訊服務）、網站服務管道；引導使用智慧手機的客戶用手機客戶端自助查詢和辦理等。

➢ 建立起面向客戶的知識管理體系

面向客戶的知識，就是放在外部知識庫，顧客們可以透過自助服務管道獲取的知識資訊。這樣的知識便與顧客查找了解關鍵資訊，內容易於顧客們熟悉理解，這些知識包括產品知識、政策知識、服務管道知識等。

要建立這樣的知識管理體系，可以透過構建知識體系地圖的

方式。根據一定的分類標準，將面向客戶的不同資訊繪製成不同的地圖形式。運用圖像、文字、視頻等多種方式。也可以透過規範知識管理機制的方式建立好知識體系。從知識點的獲取、採編、上傳、應用、反饋、更新到歸檔的知識管理流程和規範，明確整個知識的邏輯順序，確保客戶知識資訊應用的及時性和準確性。還可以透過優化系統平台的功能來構建。從客戶側的基礎查詢、模糊查詢、資訊反饋、資訊分享、智慧排序、智慧引導等，後台管理側的編輯、審核、發布、統計、發布、歸檔、權限管理等，優化系統平台功能，提升知識管理品質。

➢ 建設全面服務的品質管理體系

就是建立起一個以客戶為中心，以服務價值最大化為主線的服務運營管理系。構建這樣一個體系，就要規範流程管理，確保所有服務流程的節點：生成、審核、處理、派送、分析、反饋、跟蹤、歸檔等能夠得到有效的關注，整個服務流程順利完成。同時也要規範服務流程管理，建立結果、過程指標體系，制定服務管理流程和規範，梳理平台功能需求。最後，要優化管理平台功能，在流程管理、服務管理方面不斷對平台進行優化。

➢ 打造精細化呼叫中心運營管理體系

服務管道的不斷多元化，單純的語音服務已經無法適應市場的要求，各種各樣的服務模式都被運用到客服系統上來，因此，要打造互聯網客服系統，中心運營體系必須做出調整，這就要求中心運營管理體系有更加精細的分工管理。目標、過程、結果都要更加精細化，以此來適應多管道的客戶。

其中最重要的是要將過程精細化，建立合理的制度，梳理

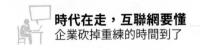

服務流程，明確服務分工。這樣才能在繁雜的客服系統中更有效率。

在互聯網時代，客服已經不同於傳統企業的只是一個附加的地位，各大企業都已經意識到客服的重要性而推出互聯網客服，如網易七魚雲客服。在以顧客為中心的商業模式中，只有客服全面適應互聯網型企業的發展，整個企業才能更好的在互聯網浪潮下得到長足發展。

2.2.3 售前策略的微行銷改革

傳統的售前策略是透過各種廣告為產品宣傳造勢，這一類的廣告通常成本會非常高，而且隨著廣告多年來的發展，當下人們對這種廣告都已經有了「免疫力」。所以商家花大價錢，卻往往取不到一個很好的效果。在互聯網的推動下，人們生活方式也有了很大的變化，而利用互聯網來進行售前行銷，倒是能取得不錯的效果，於是就產生了「微行銷」。

微行銷從字面上來理解就是「微型」行銷，即透過微博、微信這類的新形式為企業帶來傳統廣告之外的低成本行銷模式。與傳統行銷方式相比，微行銷經過虛擬網路與現實世界的互動，建立了一個包括研發、生產、銷售、品牌傳播和客戶關係的高效行銷鏈。微行銷的主要行銷形式是利用微博、微信等社群軟體來進行行銷，同時微電影行銷也是一種微行銷方式。

相較於傳統的行銷方式，微行銷有著以下優勢。

1·銷售手段簡單易行，成本低廉

透過微博、微信行銷，不需要很高的文學素養，也不需要長

篇大論、分析解釋。只需把一段簡單的話發布在微博或者朋友圈裡就能完成一次行銷，而且，透過手機發布這些分享資訊也十分方便，幾乎是零成本行銷。

2．互動性強

相對於傳統廣告單方面的商家傳輸而言，微行銷能和客戶進行各種互動，這樣就會有親和力。例如：在微博中行銷，商家就能透過回覆和留言者進行交流，溝通簡單快捷。雙方在交流中，商家能更加清晰的了解顧客的心理，也才能不斷改善自身得到進步。

3．針對性強

在社群圈行銷時，能夠反覆對同一群體介紹同一件產品，在社群圈關注的人一定也是本身就對產品有興趣的人，在這種情況下，對這些人針對性行銷就能產生很好的效果。

微行銷成功的經驗是什麼呢？微行銷有很多成功案例，我們可以透過一些經典的案例來分析一下，例如下面的星巴克音樂推播微信。

這就是星巴克音樂行銷，直覺刺激你的聽覺！透過搜索星巴克微信帳號或者掃描 QR Code，用戶可以發送表情圖片來表達此時的心情，星巴克微信則根據不同的表情圖片選擇《自然醒》專輯中的相關音樂給予回應。

可以看到，首先這個微行銷非常有創意。想透過「微型」方式進行行銷，就必須能吸引人的眼球，這是最重要的，沒有客戶，「酒香也怕巷子深」，做行銷，當然不能太過於低調，而是要

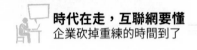
有趣味，足夠吸引大量客戶。

其次要給用戶一個便捷有效的參與方式。可以透過掃描 QR Code，或是分享各種連結來讓用戶直接參與活動，這樣才能提高用戶參與度。為顧客創造便利，就是為自己創造收益。

最後，是一些行銷策略的運用。在這個案例中，星巴克採取的就是一種互動的行銷策略，同時還有一些如優惠券等福利、情感行銷等小技巧可以使用。微信行銷在這一點上與傳統行銷是一致的。善用行銷策略，總是能取得好的效果。

2.2.4 物流體系形成 O2O 閉環

在傳統企業中，線下實體商品的出售，有一個很重要的問題，就是商品的物流方式。顧客選擇在線下實體店購買，正是看到了商品即買即用的時效優先性。小件的商品當然會很方便購買，但是大件或是多件的商品就需要商家為顧客們考慮物流了，而且，在現在廣大的消費群體中，對物流行業的重視更是與日俱增。因此，傳統企業想要轉型，還需要在物流上下功夫。

改變傳統的物流模式，創造 O2O 模式的物流體系，對於企業物流來說是個很好的發展空間。建立一條供應鏈體系支撐線上線下兩個管道的批發分銷零售業務，透過統一的供應鏈管理降低兩個管道的供應鏈成本，提升倉儲周轉量，避免重複建設供應鏈，增加網路批發分銷零售業務，利用網路管道把業務面覆蓋得更廣，市場占有率更高，效率更高，成本更低，完善實體店行銷系統和實體店布局，避免實體店重複建設造成的浪費，線上線下資訊打通，降低溝通成本，透過網路和實體店對消費者形成立體

式覆蓋，建立自己的產品品牌或者管道品牌，占有穩定的市場份額。透過供應鏈、網路管道、實體管道三點強強結合建設競爭壁壘，形成核心競爭力。這樣就能很好的在物流上完成升級，助力公司的互聯網轉型。

但是傳統企業想要打造 O2O 模式，也有著很大的困難。首先是管理體制和機制上的困難，傳統的公司想要改革就必須打破過去的物流上的制度和盈利模式，但這並不是說起來那麼簡單，在互聯網大潮中，想要參與其中，一定要經過脫胎換骨般的陣痛才能得到重生。即使是像順豐那樣的物流企業，依然會在轉型時出現種種問題，在資金鏈完整的情況下，他們的「嘿客」在發展之路上依然困難重重。

其次，缺少一個流量入口，缺少一個線上的流量入口，這就導致了很多傳統企業的物流在移動互聯網領域的劣勢。傳統模式最後只能借助第三方平台的力量，最後就成為了眾包模式的附庸。

最後，在互聯網運營上的不熟悉，互聯網領域這塊的嘗試較少，經驗的不足，技術人員的缺失，供應鏈的落後，造成了傳統企業根深蒂固的運營模式，這就更加無法成功打造一個 O2O 模式的物流了。

要想成功打造物流上的 O2O 閉環模式，就要從以下幾個方面入手。

1 · 要有智慧化設備的覆蓋

最終至少達到 40% 的智慧化設備的派送比例。在目前市場，

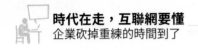

快遞的發展越來越迅速。在電商崛起的時代，這些物流行業的發展也同樣是蒸蒸日上的場景。但是在新一代年輕人當中，願意從事物流行業的人卻越來越少，導致配送行業出現了巨大缺口，各種「眾包」模式也就出現了。但是「眾包」終究不是一個一勞永逸的做法。想要最終改善物流配送上的難題，還是要透過智慧化設備來解決。但是，在很多傳統企業中，正是因為他們的傳統思維，認為這樣的投入太大，而不會想到具體運作上來，但是實際上人工的成本反而會更大。

從實際情況來看，現在市場上的許多快遞公司接系統，已經接受了智慧快遞櫃。雖然前期投入會比較大，但是對應能夠省去的人工成本也是非常可觀的。更重要的是，它降低了快遞配送的時間，提升了快遞配送效率。

像這樣的快遞櫃在近幾年有非常大的發展趨勢，因為這是一個物聯網，未來涉及的是千萬家終端物流對接，同時又承載著新的移動互聯網端口的重擔，市場容量非常充足。對於有特點、區域性、細分市場的營運商來說，都會有很大的發展空間。

2 · 純第三方更有勝算

作為中國第二大電商巨頭的京東，在物流自建方面取得了很好的成效。透過終端自建，更快更好的物流服務為京東招攬了不少客戶。在帶來更快的訂單增長的同時，也帶來了持續的虧損。B2B 電商在快速增加，但是各家電商平台占有的市場份額在不斷變化，更多具有特色的垂直電商發展迅速。騰訊的微商發展迅速，未來的電商市場還難以預測，但是主流電商平台的訂單會更加均衡，這點卻是可以肯定的。

京東因為自建物流而被很多中小型電商紛紛效仿，其實這並不是十分明智的做法。因為這樣一個體系實際上所需要的資金投入是非常大的。而標準的第三方公司優化流程，節約成本，提高效率，則適合更多企業的發展狀況。

3・要有強大的系統

這樣一個系統指的是兩個方面。一個是站點管控的 ERP（企業資源規劃）、CRM（客戶關係管理）系統，這樣的體系能夠加強企業的管理，在擴張和發展上能有更大的優勢，使企業能夠規模化發展，創造更大的經濟價值。

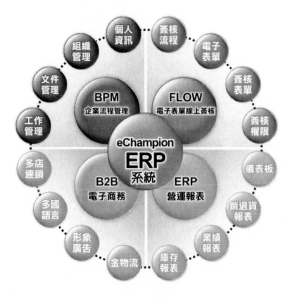

ERP 系統

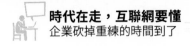
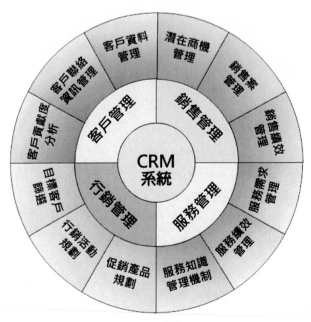

CRM 系統

另一個則是對應的直指 C 端（消費者端）的移動端平台。這樣的平台能夠方便消費者的選擇，也能更好的收集消費者的資訊，為企業以後的發展打好基礎。

這樣的系統都要求運營公司有真正懂得行業的產品經理，也需要強大的 IT 人員。這些都需要企業自身內部就開始升級。

4 · 團隊化建設

物流終端 O2O 要有能相對固定，滿足客戶個性化需求的團隊。智慧裝備只能代替部分人的硬性工作，設備也需要有人來操控和管理。而且在 O2O 體系中，還有很多交互性、服務性的工作都是必須要由人工完成的。而要完成這一點，還需要企業員工有

合理的工資以及配套的培訓。

像人人快遞這種純眾包的模式很難滿足現實需求，在這樣一種模式中，有些消費者的商品安全性得不到保障，而且正因為這種零門檻的行業人員，整個物流的服務都會受到質疑。而如果加入一些經過培訓的訓練有素的相對固定的人員，這些問題就能得到更好的解決了。

5・虛實結合、輕重結合

只重虛的互聯網思維模式在物流 O2O 上是非常吃虧的。如果盲目的在互聯網終端物流行業推行免費模式，這樣的企業實際上也存活不長久。互聯網免費有其合理性，隨著用戶的增加，自身的成本是可以控制的。但是對於物流 O2O 這種重線下服務的行業來說，線下每一個服務才是行業真正的成本所在，透過互聯網這一系列科技手段是沒辦法將那些成本壓縮回來的，因此成本只能是一定程度上的下降，而不能完全被壓縮，這樣來說這種免費模式就是一種「燒錢」模式了。

而且，在互聯網時代，用戶更加注重的是個性化服務，這樣一來，線下服務成本就更高了。所以免費模式在現在高服務附加的物流行業是行不通的。不能想著一味靠價格吸引客戶眼球，長遠的發展始終要尊重行業規律。因此，不能只重線上這種「輕」模式，還得關注線下這種「重」模式。同樣，也不能一味靠想法盲目策劃實施不了的空計劃，而是必須要切合發展實際。

6・專注

這就是說，要持續長久的發展，構建越來越成熟的體系，積

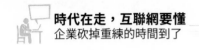
累忠實穩定的顧客群體，形成自己的品牌口碑，只有踏實做好線下基礎服務，解決企業發展過程中的種種瓶頸，才可能轉換到線上，形成一個具有黏性流量的平台。

2.2.5 融資管道轉向網路平台

傳統企業的傳統融資管道主要有兩種：銀行貸款或貸款公司貸款。這兩種方式都各有優劣，但是在企業轉型的過程中，這兩種方式都漸漸沒有那麼適合了。

首先是銀行貸款。銀行貸款的利率成本較低，相對於其他類型的貸款公司或機構，銀行貸款的利率較低，這對中小型電商企業來說，可以降低還款成本。但是傳統貸款對企業的要求，很多電商都是不符合的。而且處於轉型期的傳統企業資金周轉快，借貸頻率高，而銀行通常是單筆授信、單筆使用，辦理手續多，審批時間也很長。所以對於正在轉型的企業來說，這樣的信貸模式不能適應互聯網轉型企業的需求，而且，相對於大中型企業，微小型企業在銀行貸款上也是十分困難的。

小貸款公司貸款就會比較快。但是貸款公司自身的資金也非常有限。同時貸款的利息也會比較高，對客戶的條件更加嚴格。對企業而言，只能作為臨時周轉資金，若作為長期貸款，其利息是很多公司所無法負擔的。

以上我們可以看出，在傳統模式中，小微企業融資是非常困難的。而實際上，在傳統企業中，在轉型中的企業中，小微企業並不占少數。所以對這些企業而言，轉型過程中所需的大量資金肯定不能按照傳統的融資方式取得。而實際上，在網路平台上的

融資其實是比傳統模式更加合適的。

網路融資有兩種意思：

一是應用互聯網和網路銀行技術，對傳統信貸業務透過電子管道完成，大幅降低了成本，可以定義為網路銀行信貸業務。

二是透過電子商務交易平台獲取客戶資訊，利用互聯網技術，將銀行資源和外部資源充分整合，辦理全流程線上操作的信貸業務，整合了銀行系統資源、電子商務平台系統資源和物流公司的資源，實現資訊流、物流和資金流三流合一，可以定義為網路貸款業務。

網路融資平台改變了企業與資金結構的接觸方式，與傳統融資結構相比，有以下幾點優勢。

1．降低額外融資成本，提高融資效率

在傳統融資管道上總是有一系列額外的費用，比如交通費、資料費、工本費甚至服務費等。但是在網路平台上融資就會省去很多這樣的費用。因為前期工作在網路上完成，還會為融資者省去很多時間和精力，網路上標準化的操作也更為明確易行。

而且對於投資方而言，這樣的方式也更加直接且易於審核，這樣的方式對融資的雙方來說都會更有效率。

同時，互聯網金融在基於這些小額資金流通的媒介平台上，降低了小微企業融資的門檻，拓寬了企業融資來源。這些運營主要分為兩種，一種是傳統金融機構的自建平台，與互聯網企業合作，開展新型金融業務，使小微企業受益，例如平安銀行的「橙e平台」。還有一種是互聯網企業，包括電商及其他互聯網企業。

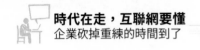

它們基於平台和用戶規模，為小微產品提供融資微貸產品，例如阿里巴巴的「騰訊體系小貸」。這些平台要麼是有更加針對小微企業的政策，要麼本身就是基於小微企業產生的。不管是哪種方式，對於傳統小微企業而言，都有了更加寬闊的融資來源和更高的融資效率。

2・融資資訊更加對稱

融資資訊的不對稱是由兩方面原因造成的。企業方面，他們並不了解銀行、信託、小貸、風險投資等投資方的狀況，包括融資額度、審批要點、審批鬆緊、產品偏好、利率上下浮動的可能性等等。另一方面，許多金融機構本身也對企業缺乏一定的了解。

這便導致金融機構在獲取中小企業的資訊時所需成本比較高，這也是中小企業融資業務很難大規模開展的原因。但是網路投資平台在這方面就會有較大的優勢，他們可以利用網路展示資金方的需求標準和企業資料，為許多企業融資者帶來資訊資源。而也有很多網路投資公司創造了許多線上線下對接成功的案例。

3・多元化、個性化

互聯網金融服務更加多元化，對小微型企業來說更加專業化。不同的互聯網金融模式為小微型企業提供金融服務時，承貸用戶有所差異，服務對象也更加多樣。

網路眾籌的小微型企業以創業項目為主，主要集中在智慧硬體、微電影、圖書出版等科技、娛樂、公益領域，具有創新性和人文性。如「點名時間」「72變」等為智慧硬體領域的小微企

業提供眾籌服務。「眾籌網」為出版、公益、藝術領域提供眾籌服務。

P2P 服務的小微企業在教育培訓、能源環保、健康醫療等行業會比較多，這些行業會有比較高的成長性，如宜信的「高成長企業債」。

供應鏈服務的小微企業多於大型企業集團合作，大部分是本產業鏈上的供應商和經銷商。比如京東的「京寶貝」根據採購銷售數據為供應商提供快速融資，且無須擔保和抵押。

因此，傳統企業如果能將融資轉向網路平台，就能更有效率獲得成本更低的融資，為企業在轉型期的資金周轉帶來非常大的好處。

但是同時，網上融資也存在一些需要注意的風險。因為剛剛起步，許多法律條文還不熟悉，因此有些平台在提供微貸業務的時候可能出現資金空轉、非法集資等現象。網路資訊安全也不能很好得到保障，金融基礎設施面臨網路攻擊、安全漏洞等威脅，這些威脅也會對小微企業造成非常沉重的打擊。

因此企業在網上融資的過程中，一定要有專業的技術人員——既熟悉技術化，又了解金融運作的複合型人才，否則，出事的「學費」也是十分昂貴的。

2.2.6 市場機制劍指大生態圈

市場機制就是市場運行的實現機制，作為一種經濟運行機制，它是指市場機制體內的供求、價格、競爭、風險等要素之間互相聯繫及作用機理。市場機制有一般和特殊之分。一般市場

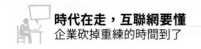

機制是指在任何市場中都存在並發生作用的市場機制，主要包括供求機制、價格機制、競爭機制和風險機制。具體市場機制是指各類市場上特定的並起獨特作用的市場機制，主要包括金融市場上的利率機制、外匯市場上的匯率機制、勞動力市場上的工資機制等。

而在互聯網時代的今天，市場機制不再是由某一個具體的因素影響的了。各種因素的交互影響，使得企業的市場機制更像是一個生物圈，首尾閉合，相互影響。在這樣一種情況下，不能只著眼於轉型過程中市場機制的局部條件，而是要從整體出發，著眼於整個市場體系的系統優化和均衡發展。

那麼在傳統企業的內部，怎樣建立一個市場化機制的運作方式呢？

生態圈

1 · 貼近資訊市場，貼心服務客戶

在互聯網時代，客戶越來越成為市場的中心，所以傳統企業

要想建立指向產業生態圈的市場機制，首先必須將客戶放在市場機制的中心。在一個穩定的、可調節、可預測的環境中，資訊服務市場就更加複雜了，客戶也會變得越來越挑剔，所以要把握市場先機，就必須對傳統面向網路、面向運營的內部機制實施創新，改進服務方式，建立面向市場的組織系統和服務型人才團隊。

由產品型企業向服務型企業轉型，要求必須對工作流程、組織構架進行創新調整。比如說通信行業，呈現細分化、多元化、融合化的特徵，具體的表現就是由過去的「企業設計業務讓客戶被動使用」到如今的「顧客根據需求自主選擇合適的服務」。

以客戶為導向就要求企業必須對市場需求十分敏銳，企業內部也必須對這種需求能夠做出準確的判斷，讓服務客戶變成可能。然後企業組織要貼近市場，全方位支撐，與前端高效連動，根據客戶的感知運作流程，以最優的方式提供服務。

目前，一些企業傳統的，以面向企業內部、方便企業運營為目標的組織結構亟待改進，按照管理職能的專業分工進行部門化設計和職能部門設置，使內部機制與前端嚴重脫節，注重收入而不注重收益，有長遠規劃而缺乏應急機制，可持續增長意識較弱，資源整合效率低，對市場反應遲鈍。為了更為靈活的反映市場，電信企業迫切需要面向前端，重新考慮組織架構的功能，改變組織活動流程，或以流程優化的手段提高組織運作效率。

2 · 建立合理的內部體系

不僅是組織與流程，企業員工的服務方式同樣面臨更新。這就要求公司應能建立合理的內部體系。透過外部的市場機制調節

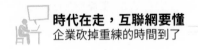
內部的管理機制。

更快響應客戶的需求、更好的為客戶提供服務向傳統企業人才隊伍提出了挑戰，人力資源的客戶服務能力直接關係企業快速反映市場的結果。傳統的建設型、運維型人力資源體系是為組織服務的，而較少關注客戶感知。因此，無論是前端、後端，還是管控，企業員工都需要改變傳統觀念，從「客戶需要什麼樣的服務」入手規劃和安排自身工作，組成一支高效響應客戶需求的服務型人才隊伍或虛擬團隊，為客戶提供完整服務。

3 · 關注外匯市場的匯率機制

互聯網時代，已經將企業之間的空間限制拉到了最小。尤其是對互聯網轉型的企業來說，現在的市場機制中，所謂市場已經不單單是中國市場，也包括了國外市場。因此外匯的因素在整個市場機制中也是尤為重要的。

在產業生態圈之中，這樣一個小因素實際上也會對整個產業鏈帶來影響，因此，要及時關注匯率方面的資訊，完善整個生態圈。

4 · 拓展資訊應用，機制協同互動

在確立以用戶為中心的生態圈中，還有一個因素也是同樣要值得注意的，即大數據分析。在市場機制中，資訊同樣是不可忽視的重要影響因素。

在種種因素中，要善於總結影響市場的各種重要原因，及時根據外部機制對企業內部做出調整，讓市場機制更好的在企業內部發揮作用，讓整個生態圈更加均衡穩定。

2.3 互聯網轉型監察哨

在傳統企業的互聯網轉型過程中，雖然全面布局了各種策略，但是也不能掉以輕心。在轉型過程中，不是布局好了就意味著一勞永逸，相反，轉型是一個十分複雜的過程，在瞬息萬變的互聯網時代，千變萬化的情況會導致轉型隨時出現問題。因此，在全網布局的同時，還要建立企業互聯網轉型的監察哨，以應對種種突發情況。

在向互聯網轉型過程中，傳統企業在各個階段，隨著各自的發展，都會面臨不一樣的問題。實際上在轉型中，陣痛是必然的，即使全面布局，也只能減少各種問題發生的可能性和危害性，而完全消除不適感是不可能的。因此，在轉型之前，除了要做好策略布局之外，還需要仔細思考在發展中可能產生的伴生問題。下面就介紹一下幾個比較典型的伴生問題。

困難的轉型之路

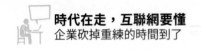

2.3.1 高管「老齡化」

在傳統企業中，高層管理人員一般是資歷比較豐富，權威性較強，年紀較長的人。這些人在傳統行銷領域經驗豐富，但正是這種「傳統能力」較強的人，在企業轉型互聯網時就會出現一些問題。他們不像年輕人那樣能輕易接受新事物，其思維模式也相對而言更加傳統。

但是讓這一批高管人員退下，重新聘用一批新的年輕人員，同樣是不太現實的。年輕人經驗如何尚且不談，對本公司的熟悉程度肯定也是不如這群老員工的。對於傳統企業而言，對新事物的接受和對舊經驗的選擇是轉型時期不得不面臨的痛苦。

而且由於高層管理人員的傳統性，他們也不會太相信網路行銷。而是始終帶著懷疑的態度。其實大型傳統企業在互聯網轉型上的確是非常困難的。轉型成功的還是以天貓、淘寶這樣的個體戶為主。而想要大企業轉型成功，這些個體企業成功的經驗是非常不夠的。

2.3.2 根深蒂固的傳統行銷思維

這種傳統的行銷思維非常典型的一點表現就是，將互聯網僅僅當成一個行銷管道。實際上這是非常不夠的。向互聯網轉型最重要的並不是改變行銷管道，而是培養一種互聯網思維方式。在傳統行銷中，產品需要廣告詞，提煉獨特的銷售主張，這已經成為了一個思維定式。但是在現在，廣告推銷產品的能力越來越差。你能想起蘋果手機的廣告詞是什麼嗎？但是它卻成了全球最大的手機品牌。仍有很多企業在用傳統思維方式做互聯網行銷。

實際上，採用再有創意的方式做廣告，也還是傳統的創意，並不是互聯網行銷。互聯網行銷方式不一定非得透過互聯網來實現，而是要透過互聯網思維方式來賣。什麼是互聯網行銷思維方式呢？就是與目標群體打成一片的思維方式，就是 C2B。例如陳歐做的「我為自己代言」的廣告，就是利用年輕人對廣告的共鳴，形成粉絲經濟，建立企業的粉絲帝國。

2.3.3 策略規劃趕不上變化

傳統企業生存的市場相對於今天是非常穩定的。因此很多傳統企業做好「×年規劃」之後，便可以高枕無憂的計劃。但是在互聯網時代，策略規劃就沒什麼意義了。

騰訊曾經嘗試過做類似阿里巴巴的電商，但是失敗了。今天的微信卻又成功了。所以在互聯網的變化之下，一年計劃都是過長的，只有在不同的情況下隨時變更自己的策略計劃，才能保證企業的正常運行。

2.3.4 互聯網的商業模式創意

新的商業模式創意，才是互聯網企業成功的關鍵所在。傳統企業在向互聯網企業轉型的過程中，目標可能會轉向那些已經非常成功的大企業，去模仿他們的成功。但是實際上在互聯網時代中，模仿已經不再適用。互聯網帶來的多元化可能同樣也帶來了成功的不可複製性。

因為互聯網世界是一個平面世界，沒有傳統企業的那種區域市場的概念，所以一種商業模式能夠容納的企業也是十分有

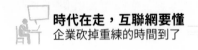

限的。比如上面所說的例子，騰訊在電商轉型時期做的「QQ 網購」，就只能在阿里巴巴的擠壓下漸漸淡出市場。

能否成功面向消費者創造新的商業模式，是傳統企業一個很大的難題。只有在轉型過程中將企業的定位慢慢拉向互聯網，才能真正轉型成為一個互聯網企業。

2.3.5 三方合力促行業穩定

現在正處於企業轉型的風口。中國市場上的大部分企業都面臨轉型的問題。在轉型過程中，過多的企業轉型升級難免會危及一個行業的穩定性。這對所有企業的發展環境而言，其實都是不好的。

現在，真正實現互聯網轉型的傳統企業在市場中占比還很低，裡面有很多僅僅是為了迎合時代而跑馬圈地優先搶占管道、忽視業績的情況。這種急功近利的想法就導致了很多傳統企業在轉型過程中會出現一些信譽問題，造成整個行業的亂象。比如說一些類似「快速躺著賺錢」的標語、承諾作為轉型中企業拉客源的方式，而這也就難免會有過度宣傳、虛假宣傳之嫌。

虛假宣傳

要避免這種種危及行業穩定性的情況，從企業單方面入手肯定是不行的。作為企業轉型過程中的市場中心，消費者對轉型企業的作用是不可忽視的。而在企業轉型過程中，由於市場失靈以及傳統企業自身能力有限，對企業轉型的宏觀上的監察管理也就顯得尤為重要，因而政府相關部門的監管也是十分重要的。只有三方一起發力，才能促進整個行業的健康轉型。

➤ 客戶

客戶雖然與行業距離較遠，但已經成為整個轉型企業的關注重點。而在整個市場中，直接起作用的也就是他們。實際上，整個消費體驗的主體都是顧客，而行業的整個穩定性都在於他們的感受，因此只有穩定了顧客的感覺，整個市場大體而言才是風平浪靜的。

同時，也因為顧客端對行業企業的敏感度都很高。各種問題

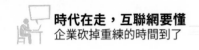

發現的起點，一般也都是這樣，因此，企業應該積極主動的詢問消費者的感受和意見，及時發現存在的各種問題，盡早在問題的萌芽階段解決，不讓它們威脅到行業穩定。

➤ 政府相關部門

從政府的角度來看，市場不可避免的會存在失靈的時候。這就要求政府能夠發揮「有形的手」的作用，積極引導調節市場各方面的問題。

一些相關政府部門，尤其是一些地方上能直接接觸到企業的政府部門，應該根據一些政策條文，加強企業轉型監管，規範轉型秩序，避免轉型亂象的發生。

➤ 企業

企業作為轉型主體，也是在轉型過程中的最大發力點。任何情況的發生都是由企業自身帶來的，所以想要規範轉型秩序，最重要的一端還是在企業本身。而且，在整個監管體系中，企業也是連接著政府與顧客之間的交會點，因而也是監察過程中的關鍵點。由此可以看出，在整個轉型過程中，企業對自身行為的監察也是十分重要的。

第一，企業應當與顧客端建立敏銳的連接。從顧客這個端口了解本企業甚至本行業存在的問題，有則改之，無則加勉。不能破壞整個行業的穩定性。第二，企業應聽從相關部門的意見，從大局出發，在轉型過程中注意規範，顧全大局。

只有顧客、政府、企業三方合作，才能保持整個行業的穩定發展，企業也才能在這樣的環境下增加轉型成功的可能性。

第 03 章
製造型企業管理優化

製造型企業最主要的特點就是對銷售的產品進行加工或裝配，企業一般的工作就是採購原材料，使用人工生產裝配。這種企業一般是資源型或勞動力密集型的傳統企業。這樣的企業要想實現轉型升級。就必須從管理這一塊下手，實現企業資源和勞動力的優化配置。只有解決了這類企業管理上的問題，才能使它們走上轉型升級之路。而在製造行業，有許多以前的傳統企業巨頭也紛紛陷入轉型的泥淖中，只有從它們身上吸取經驗，才能避免走更多彎路。

3.1 【案例】海爾遇到的升級瓶頸

作為世界知名的大型家電品牌，海爾從成立之初到今天，已經走過了 32 個年頭。2015 年，海爾大型家用電器品牌零售量居全球第一，這是自 2009 年以來海爾蟬聯全球第一第七年。同時，冰箱、洗衣機、酒櫃、冷櫃也都以大幅度領先於第二名的品牌零售量的業績繼續蟬聯全球第一。海爾在全球有五大研發中心、21 個工業園、66 個貿易公司、143,330 個銷售網點，用戶遍布全球一百多個國家和地區。創立於 1984 年，崛起於改革大潮中的海爾集團，在「名牌策略」思想的引導下，從一個小小的廠房，一步步成為今天的世界聞名的中國企業。

像這樣一個「身經百戰」的企業，應該已經適應了不斷轉型的發展規律，能夠在不斷改變的時代環境下站穩腳跟。但是，互聯網時代的千變萬化，導致企業無論怎樣準備，都免不了要經歷一個艱難時期。海爾同樣也是如此，在向互聯網企業轉型的過程中，海爾也遇到了種種升級中的瓶頸。

3.1.1 二十世紀末的小破廠

1980 年代初，中國家電行業出現過一個快速增長的時期。在 1978 年至 1988 年的十年間，家電的年平均增長速度是 90%。在這樣一種環境下，中國家電行業湧現了一批新生的企業，如北京的雪花、安頓等。海爾也是成立於這個時候。1984 年，青島有一個小工廠很不起眼的誕生了。成立之初，它像許多其他家電廠一樣，並沒有什麼值得關注的地方。但是 1995 年之後，家電行業開始慢慢走下坡路。而此時海爾集團才開始快速增長。

其實，海爾並不是在某一天或者是某一年突然就崛起的，相反，海爾的前身——青島電冰箱總廠甚至是一個虧損了 147 萬元的瀕臨倒閉的小廠。而海爾正是經過了多年的累積沉澱以後，才保證了在整個產業熱潮開始消退之時，依舊能保持穩步發展的趨勢，避免了當年的悲劇。

一開始，海爾也只是一個普通的小廠，像其他傳統企業一樣，規模不大，員工存在懶散的情況，組織管理上更是有各種各樣的漏洞。因為這些原因，廠裡產品的銷量也遲遲得不到很大的提升，因此也就有了 1985 年那個著名的「砸冰箱事件」。

在當時，中國企業將產品分為一等品、二等品、三等品及等外品，而後將不同等級的產品標以不同的價碼統統推向市場。這就意味著不論產品品質如何，都會被流入市場，而員工們自然會以一種得過且過的心態生產產品。1984 年 12 月，廠長張瑞敏剛一上任，就得知許多產品達不到生產標準，有著各式各樣的缺點，不符合市場需要。張瑞敏在這種情況下，帶頭將不合格的 76 台冰箱統統砸毀，讓當時的員工真正領會到市場的含義。

這一砸也就「砸」出了全廠員工的品質意識。讓員工意識到製造有缺陷的產品，就是在積壓產品，製造廢物。因此要想在激烈的市場競爭中存活下去，就一定要有過硬的品質，要有把產品做到最好的決心，而這也就奠定了海爾「高品質」的策略核心。

高品質光靠一時的振奮是沒有用的，一個企業，終究還得依靠高水平的管理才能實現高品質的目標。為了盡快改善管理上的混亂狀態，海爾在當時制定了管理措施「十三條」。

1. 不遲到，不早退，不曠工。2. 不准找他人代為打卡。3. 工

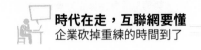

作時間不准打撲克牌，下棋，織毛衣，做自己的事等。4.工作時間不准擅離職位。5.工作時間不准喝酒。6.工作時間不准睡覺。7.工作時間不准賭博。8.不准損壞工廠的設備。9.不准偷工廠裡的財物。10.不准在工廠裡大小便。11.不准破壞工廠的公物。12.不准用棉紗沾柴油點火取暖。13.不准帶小孩和外人進入工廠。

這十三條看似都很基本，也不像一個非常成熟的管理條例，但是，正是因為這十三條「不准」的每一條都貼近員工的道德底線，讓員工覺得不應該違背，因而制度也就具有了極強的可執行性。

除了制度本身的可執行性強，更值得讓人思考的，是制度的實施方式。張敏銳沒有讓這十三條「不准」只是一紙空文，他抓住每一個違反制度的典型行為，發動大家討論，挖掘典型行為的思想根源，上升到理念層次，以理念為依據，制定更加嚴格的制度。在這種管理制度下，隨著制度一次又一次的執行，理念也不斷得到積累。以理念為依據，再製定更多的制度。這樣，制度就會根據公司的實際執行情況，發展出一套越來越健全，越來越嚴格的管理體系。

同時，企業文化也在不斷變得厚重，思想也越來越統一，每個方面都形成了嚴格的獎懲制度。最終形成了「制度與文化有機結合」的海爾模式。

這樣一種管理理念即使在今天也依然是十分適用的，其管理的核心是根據員工願意接受的理念來制定管理政策，也就會形成促使制度落實的根本動力。所以，管理的根本不在於多麼複雜，而在於要能使執行者接受，這才是最適合的管理方式。

3.1.2 世紀之交的百花齊放

在進入 1990 年代後，海爾因為 1980 年代打下的良好基礎，品質管理漸漸形成體系。海爾也從原來那個沒有公認度的中下遊企業漸漸晉升為冰箱行業名牌，在 1990 年不僅成為國家一級企業，成為中國家電唯一知名商標，也透過了美國的 UL（保險商試驗所）認證。海爾的「名牌策略」初見成效。

1990 年代初，中國出口創匯正在風頭上。國家也制定了相應的優惠政策，很多企業就不顧產品品質，向國外傾銷原料和半成品，低價換匯。但是海爾卻沒有這麼做。它依舊冷靜的堅守「名牌策略」，沒有僅僅把眼光放在出口創匯上，而是始終堅持著打造品牌的策略目標。

海爾已經是名牌冰箱，在國家經濟已經復甦的條件下，海爾的市場便趨於成熟了。因為人們對於高品質產品的需求也會比較高，海爾的產品也出現了供不應求的情況。但是海爾始終圍繞著名牌策略，正確處理著規模擴張和品質控制的關係。而在這一時期，隨著企業漸漸走上正軌，他們的管理模式也有了更加成熟的變化。

實際上，在創業之初，張瑞敏看到的就不只是先進的技術，他深知，一個企業要想成為「名牌企業」，就要有一套科學的管理模式。「十三條」實際上只是一個非常初步的嘗試，在海爾日益成熟的情況下，張瑞敏也探索出了一套專屬於海爾的「OEC 管理法」。

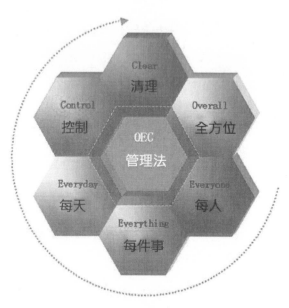

OEC（全方位優化）管理法

　　這套管理法還有一個名字叫做「日清日高」管理法。意思就是全方位的對每個人每一天所做的每件事進行控制和清理。每天的工作當天完成，而且每天的工作品質都有一點提高。這樣每個人都能知道自己該做什麼，甚至能自己考核自己的工作。

　　OEC 管理模式意味著員工每天所有的事都有人管，所有的人都被管理，能夠根據工作標準對自己的事項進行控制，自己制訂計劃，按照計劃實行。每天把實施結果和計劃對照總結，實現日日控制、事事控制的目的，保證企業按照目標發展。

　　這樣的管理方式最初的模型應該就是「泰勒制」。泰勒制的主要內容和方法包括勞動方法標準化、制定標準時間、有差別的計件工資、挑選和培訓工人、管理和分工等。這樣的管理方式在傳

統企業中曾經大幅度的提高了生產效率，為工廠生產帶來了非常大的便利。

在海爾園，就能非常明顯的看到這種標準化管理方式：工人走路都靠右行，因為廠裡有規定，在廠區內行走和在馬路上一樣；每一位員工在離開自己的座位時，須將座椅推進桌口，否則將會被罰款一百元；班車司機在接送職員上下班時，不得遲到一分鐘，否則，職員為此而付出的計程車費用將由班車司機全部承擔。

在張瑞敏管理模式中有過這樣一個故事。

海爾與三菱重工的一個合作專案中，日方帶來一整套的日式管理。張瑞敏告訴日本人，他們的辦法不行，日本人堅定的搖頭。張瑞敏說：「你現在就到十字路口看看，紅燈亮了，人們照樣往前闖，視若無睹，不避危險，你這幾條規定算什麼？」日本人還是搖頭。

三個月之後，日本人來找張瑞敏，說他們的辦法的確不行，請允許使用海爾的管理方法。「如果訓練一個日本人，讓他每天擦六遍桌子，他一定會這樣做；而一個中國人開始會擦六遍，慢慢覺得五遍、四遍也可以，最後索性不擦了！」張瑞敏的觀察一針見血，他熟悉中國人的秉性，知道中國人做事的最大毛病是不認真，做事不到位，每天工作欠缺一點，天長日久就成為落後的頑癥。他想，需要一個管理機制專攻這一毛病，這一機制同時還要承擔下述功能：領導在與不在企業照樣良性運轉。

眾所周知，日本人工作效率是非常高的，他們的管理也是非常高效的。但是有句話說「入鄉隨俗」，很多在日本高效的方法，拿到中國來也許就不適用了。而張瑞敏的管理方式就是從企業的

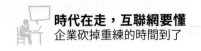

實際情況入手，從他熟悉的中國人，或者說海爾員工入手，打造一套專屬於他們的管理模式。

這和上文介紹的「十三條」其實有異曲同工之處，都是因為站在員工的可執行性上思考管理模式，這樣才能真正發揮作用。

正是在 OEC 管理法下，海爾也穩步開始了多元化策略。海爾由電冰箱開始向多種家電共同發展的「海爾集團」發展，並且1999 年，海爾在美國投資三千萬美元建設了一座工業園，這也是海爾走向世界市場的一個起點。

在世紀之交，海爾在科學的管理下，也正朝著新的發展方向不斷前進，一個更加多元化、國際化的海爾也正在慢慢走向二十一世紀。

3.1.3 新世紀遭遇發展瓶頸

作為傳統企業的海爾在發展的道路上一直穩步向前邁進。一直到今天，海爾依舊是中國大型家電方面的領先者，以品質為重的海爾堅持自己的策略方向，也正因此，品牌享譽全球。但是，現在的互聯網時代很明顯已經和傳統企業時代全然不同，海爾也面臨著必須升級轉型的問題，那麼海爾在向互聯網轉型的過程中是否也像過去一樣，能夠再創輝煌呢？

近幾年，海爾不斷提出新的概念，進行管理上的改革。比如：海爾在製造業向服務業轉型時提出的「倒三角形」管理模式。用張瑞敏自己的話來說，「倒三角形」管理就是「以企業作為邊界降低交易成本，企業最大的邊就是員工的邊，能夠和用戶的邊零距離的接觸，所有員工必須為用戶創造最大的利益才能自己得到

利益。」

　　而在向互聯網型企業轉型的過程中，海爾又提出一個新的概念——「節點閉環網狀組織」。這個網路組織由不同的功能節點組成，配合掃描用戶群體，發現有價值的用戶需求時，相關節點提供自己的掃描資訊。這些資訊聯合生成一個用戶需求立體模型或解決方案，這張網可以說是以用戶需求為核心的動態變化網，將海爾的內部協同網和外部市場需求網動態結合了起來。

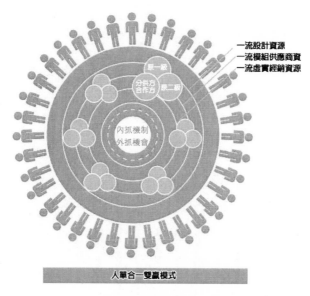

節點閉環網狀組織

　　從管理學的角度看，海爾的這種網狀結構有獨特的優勢。透過人單雙贏，將市場機制與內部組織相結合。用倒三角的模式與用戶、經銷商、合作夥伴建立起扁平化的網狀結構。消除結構上的障礙，和用戶之間的距離縮到最小。

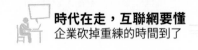
　　但是從實際運用效果上看，海爾的轉型之路走得並不是一帆風順。4 月 28 日晚間，青島海爾發布的 2015 年年報顯示，公司實現營業收入 897.48 億元，同比下滑 7.41%，實現歸屬於上市公司股東的淨利潤為 43 億元，同比減少 19.42%。要看一個企業的發展狀況，其實財務數字是很直觀的。

　　這張「二十一世紀海爾全球營業額及增長率」表顯示了進入二十一世紀後，海爾在全球的營業額狀況。在二十一世紀之初，就像所預料的那樣，海爾在全球是很有市場的，且這個市場在不斷打開。2005 年之前，海爾的增長率通常都在 25% 以上，有時甚至超過了 50%。但是 2005 年是一個節點，在那之後，海爾銷售增長率急劇下降，一般都超過了 10%。在 2008 年金融危機之下，增長還是有所下降。

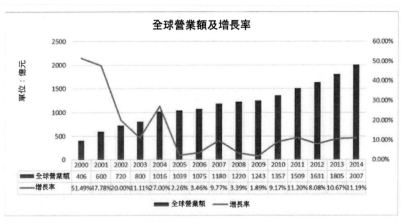

二十一世紀海爾全球營業額及增長率

　　不過，從表中反映的增長情況來看，海爾的營業額還是一直處於增加的狀態，當然不可能每一年營業額都比上年有所增加。

但是，如果看看同行業的增長情況，就會發現，作為中國一線家電名牌，海爾的成長確實遇到了瓶頸。

二十一世紀以來格力、青島海爾、美的的營業收入對比

在 2005 年以前，海爾還是有著一定的優勢的。但是從 2011 年開始，企業之間差距就開始逐漸變得明顯了。格力的發展趨勢明顯更足，而美的也在 2012 年之後，持續增長。截至 2014 年，海爾與格力、美的之間就營業額而言，相差了 500 億元，也就是說，2011 年之後，格力與美的已經開始全面超越海爾了。而營業額實際上就是市場占有率，可以知道，海爾的市場占有率也在逐步下降。

因此，我們可以看出，海爾在向互聯網轉型的過程中，從各方面而言，都對企業本身造成了很大的影響。在轉型過程中，實際上海爾用的依然是 OEC 模式。不論是正三角形管理模式，還

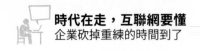
是倒三角形管理模式，還有如今的節點閉環網狀組織，最基礎的依然是海爾 OEC 模式的核心。不能說這種管理模式一定有問題，但是至少目前來看，這種模式沒有為海爾的轉型帶來非常好的效果，反而造成了很多發展上的瓶頸。

在過去的發展中，海爾的管理模式一直是立足於企業現狀，能夠獲得非常強的執行力。到今天，或許是為了配合互聯網時代的發展特色，海爾的管理模式卻變得越來越「高大上」。讓人不禁思考，海爾是否應該重新制定一套新的管理模式。也許海爾的轉型還只是處於初期的不適應期，過了這個節點，海爾的轉型又能釋放出企業潛力，獲得更加高速的發展。

3.2 【問題】企業面臨的改革難題

在向互聯網轉型的過程中，傳統企業會遇到各方各面的桎梏。但是很多時候，傳統企業即使做出相應的改革，也並沒有造成作用。這是因為傳統企業沒有觸及改革的真正含義，更多時候，他們自己不清楚自己的問題的根源所在，稍不留神，就又走進了傳統思維的誤解。

3.2.1 管理的結構過於堅固

在過去的經營中，海爾的模式應該說是非常成功的。整個企業的生產效率在這種管理模式下有了全面的提高。從海爾的管理模式中就可以看出，傳統企業最注重的就是效率。在這種中心下，要求企業必須有嚴格的發展規劃，每個人、每個層級完

成具體的事情，每一個小零件的相互完整契合完成企業大機器的運轉。

就像前文中介紹過的，在傳統企業中，普遍傾向採用的是金字塔式的層級制組織管理結構，用一種傳統的「科學管理」手段進行內部管理活動。這種管理結構有著以下特點。

1·組織內部分工清晰細緻

按照海爾的 OEC 模式，每個人有每個人每天的定量工作。比如：工廠掃地，每個人都有各自特定的區域和打掃面積。打掃完，工作量完成了，對企業而言就有了價值。

其實這就意味著，在生產階段，各自都以自己的生產能力、生產速度生產零組件，而後推到下一個階段，由此逐級下推形成「串聯」，平行下推形成「並聯」，直至推到最後的總裝配，構成了多級驅動的推進方式。清晰明確的完成自己定量的工作，這就是每個傳統企業員工要做的事情。每一個員工，都是企業大機器上的一個小齒輪。

2·有一套科學完整的制度體系

企業制度就是企業員工在企業生產經營活動中共同遵守的規定和準則的總稱，包括企業組織機構、職能部門劃分、職能分工、崗位工作說明、專業管理制度、工作及流程等。企業因為要更高效的發展而制定了這些系統性、專業性相統一的規定和準則。要求員工能在職務行為之中按照統一的規範來進行生產。要實現企業的管理發展策略，就需有這樣一套完整的體系。

這套體系就像是互聯網中的程式，將雜亂無章的代碼變成一

套有著特定功能的應用流程。

3‧減少管理人員個人情感

在制度面前，就只能公是公、私是私。管理人員在管理之中絕對不能摻雜個人情感，否則就會影響制度實施的有效性，也無法保證整個公司管理體系的有序性。在現代化的管理中，很多制度性的條文是無法違背的，他們一環緊扣一環，相互聯繫，相互影響。

在這種情況下，行政命令和管理命令就成了核心的管理手段。在這樣的管理模式下，雖然看似很和諧，體系很完整，結構很科學。但是在整個體系中被弱化的員工們並不會有這種整體的意識。整個企業的運行全憑嚴密的管理。一旦這些管理隨著時間產生漏洞，不再適應社會的發展，整個企業就會陷入癱瘓。在轉型時，也會顯得尤為沉重。

沉重的傳統企業

再看海爾，在轉型過程中，取消員工薪資制。員工成了「小微主」。這看似是很簡單的放鬆企業內部管理，但實際上，海爾卻

為此付出了巨大的代價。

為了實現轉型，海爾在兩年內減少了兩萬六千人，其中主要就是中層管理者以及工廠升級為智慧工廠後減少的工人。除了人力上的損失，海爾在財力上也有很大的損失。據中怡康零售端數據顯示，2015 年前三季度海爾空調零售量同比下降 8.36%，市場份額為 11.58%，同比下降 0.34 個百分點；海爾冰箱零售量同比下降 5.76%；海爾洗衣機零售量同比下降 5.6%，高於同行業同比下降 2.03% 的平均水平。

海爾在轉型過程中丟失的市場份額，使其處境更為不利。同時，由於互聯網轉型更多是強調與用戶的溝通，因此海爾停掉了不少傳統廣告，加上今年家電業深度探底，海爾經銷商做起來更加不容易。這樣的轉型不知道會持續多久，但可以肯定的是，像海爾這樣的傳統企業，在轉型之際，之前越嚴密牢固的管理體系，要轉變起來就越難。

3.2.2 傳統的設備效率不高

在當前，應該說整個製造業都進入了寒冬。隨著中國勞動力價格的持續走高，加工製造業都在向國外轉移。製造業面臨著新一輪的「洗牌」局面。而自動化設備就成了這類傳統企業唯一的出路。

早在幾年前，中國勞動力成本以 20% 的速度上漲，導致一部分中國低端製造業，紛紛將企業轉向勞動力更加廉價的越南等國家。依靠廉價勞動力的企業已經漸漸沒有優勢了。在這樣一個時代，尾大不掉、轉型困難的企業必然會遭到時代的淘汰。

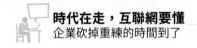
在企業中，機械化已經不是製造業轉型的方向，很早以前，很多企業就已經實現了機械化。到現在，機械化設備已經成為了傳統的設備。傳統的設備意味著人工的大量消耗。但是從工人的角度而言，物價上漲，導致了對企業長期不滿的情緒。而同時，由於各方面的成本上升，企業已經無力漲薪，這兩方面不可調和的矛盾就導致了傳統製造業只有轉型一條路可走。

到互聯網企業的轉型階段，生產向「智造」發展。機械化已遠遠不能滿足企業發展的需求了，因為人工成本以及運行成本都是當前製造業「不可承受之重」。在這種情況下，企業需要的是一種「無人」的自動化生產線。

德國提出的「工業 4.0」就很好的詮釋了企業的發展目標。「工業 4.0」概念即是以智慧製造為主導的第四次工業革命，或革命性的生產方法。該策略旨在透過充分利用資訊通信技術和網路空間虛擬系統——資訊、物理系統相結合的手段，將製造業向智慧化轉型。

在這樣一種概念的支撐下，2015 年，海爾就實現了「無燈工廠」的建設。這條「黑燈無人線」完全實現自動無人，透過設備高精度作業實現效率及產品性能的大幅提升；全球領先的「裝配智慧機器人群」項目，是全球首個空調外機前裝智慧機器人社區：實現了空調外機前裝部分五套機器人的協同裝配，並結合資訊化 RFID 身分認證，實現產品——機器人、機器人——機器人之間智慧自交互、自換行和柔性生產，在品質方面達到了壓機螺帽緊固扭矩百精準，降低了產品的噪音。另外，其「自動智慧聯機測試」項目也屬全球領先。其裝配自動智慧聯機測試系統，能自動識別

產品；自交互調研設備參數程式測試，實現自判定，不合格不放行，還能結合物聯網技術自動關聯測試數據，並儲存可追溯，該技術實現了製冷製熱性能零誤判。

在這條生產線中，訂單直接進入工廠設備管理系統裡，系統根據用戶的下單自動排產，這套系統叫做 iMES 系統，它同時對用戶、員工以及模組商的生產數據進行實時管理。整個工廠變成了一個智慧製造執行系統，而員工的角色轉型為機器的管理者。

所以在這個「無人工廠」中，不意味著所有的海爾員工全不在，其內部智慧化的設備還是需要員工來控制。但是這樣的員工肯定就不是以前傳統意義上只是操作機器的員工了，他們的薪資也比原來的操作員工要高得多。

在海爾無人化生產之後，美的也在向無人生產的方向發展。而且早在 2014 年，美的就實現了無人配送，掀開了傳統製造業物流的新篇章。

而這兩大企業的發展情況，實際上就表現了當今傳統製造企業的發展方向——各方面都逐步實現「無人化智造」。

3.2.3 創新團隊的創意危機

面對家電製造業越來越薄的現實，早在 2009 年海爾就提出過「去製造化」的策略。在最近幾年中，海爾更是希望透過互聯網實現「去製造化」。「去製造化」就意味著海爾將從製造型企業向行銷型企業發展。

而近幾年海爾大規模裁員的背後，實際上隱藏的是海爾發展的種種危機。從上文分析中可以看到，海爾的重要產品的市場占

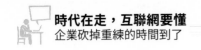

有率發生了明顯的變化，其實這也就說明海爾的創新能力下降，市場競爭力不強，消費者和經銷商都不買帳，海爾也就自然不需要那麼多員工。

老員工的大量流失，企業整個方向的改變，都給這個企業的轉型帶來了不少困難。同時，「去製造化」也意味著海爾在產品上的忽視，勢必為產品的品質以及產品創新帶來影響。

其實早前，海爾在向多元化家電發展的時候，發展狀況也並不好。在冰箱上海爾的技術還是一直在市場前端，但是在其他家電上，海爾的創新能力就似乎低於了市場平均水平。在幾年前智慧電視市場越來越熱之時，各電視機廠均使出了看家本領。比如海信的 VIDAA TV、康佳的雙通道以及廉價高配的樂視超級電視。

而此時的海爾，卻沒有在貨物上展現本身的翻新能力。比如海爾的 LE42A800 機型，UI 界面以及同質化的性能很難保證海爾電視在同類產品的競爭中勝出。而在當季的市面考察數據中，該結果也得到了印證：海爾以有餘 4% 的批發市場名額排名第十。因此可以看到，在海爾的多元化家電轉型過程中，其創新能力並沒有得到很大的提高。

在「去製造化」的道路上，海爾越來越不注重產品，而是想要轉型為服務行銷型企業。但這與海爾一開始的企業定位是不一致的。在製造生產占公司業務 60% 以上的情況下，拋開產品生產無疑會帶來巨大的傷害，只有加強產品創新，對海爾來說，才是最好的出路。

3.3 【措施】重構企業和培養人才

海爾一直為人稱道的就是不斷變革的管理模式。但是在互聯網時代，這樣的管理方式作為海爾最核心的企業文化，實際上卻在制約著企業的發展。因此海爾想要進一步取得發展，就必須將整個企業的管理模式、發展方式，都按照現在企業的發展狀況加以重構。

在海爾「去製造化」的發展目標中，一個很重要的因素就是要在合適的領域安排合適的人。縱觀國外首屈一指的大企業，如蘋果、微軟等，都是直接使用高素質人才來推動企業發展。其實這也說明了必須要培養人才，才能真正實現企業的轉型升級。

3.3.1 解構中層：平台對位創客

市場裁員和產品銷量下降其實是互為因果的關係。在轉型陣痛期，海爾的銷量下降很快，所占的市場份額也在漸漸縮小。在這種情況下，海爾不得不精簡自己的企業管理體系。臃腫龐大的管理中層也就首當其衝成為了改革重點。

2005 年，海爾提出「人單合一」的管理模式，隨後又啟動了一千天的流程再造，經過十年的探索試錯，海爾已在三個方面發生了變化：第一是企業，從傳統的企業轉型成一個互聯網企業，成為互聯網的一個節點；第二是品牌，從過去提到海爾，很多人會想到的是家電，現在提到海爾，很多人想到的就是創客。第三個方面是員工，從僱傭者變成了創業者，每一個員工都可以在海爾平台上創業，直接面對用戶，創造價值。

這樣的變化，其實來源於海爾管理上的解構創新。第一，海爾用企業平台化顛覆傳統的「科層制」，打造「網路化組織」。形成「網路化組織」後，海爾就沒有「中層」了。全公司只有三類人：一類人是平台主，其作用是提供最合適的土壤、水分、養分。平台主不是領導，判別其成功與否的標準是看平台上有多少創業公司，創業公司成功、成長與否；一類人是小微主，也就是小型創業公司，判別標準在於能不能夠自主找尋機會創業；最後一類人就是創客，按照海爾當下的思路，「所有的員工都應該是創客」。就這樣，海爾從原來製造產品的加速器，變成孵化創客的加速器，海爾管它叫「共創共贏的生態圈」。

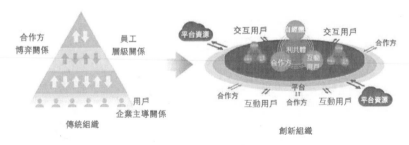

企業平台化代替科層制

第二，「員工創客化」是一種顛覆僱傭制，讓員工變成創業者、動態合夥人的新型管理模式。海爾內部有個專門的叫法——「競單上任，按單聚散」。這個「單」不是定單，而是項目的目標。一個項目的目標明確之後，不管是誰，只要有這個能力，都可以競單上任。在做項目的過程中，按單聚散，聚散的一個基本原則是，一定要面向全球最好的資源。就這樣，組織的邊界消失了。

在這樣的管理模式中，海爾作為一個平台，為企業中的「創

客」提供發展機會。完全改變了以前傳統的層級模式，全面向互聯網型企業轉型。將平台化策略對應創客發展模式，結構臃腫的中層管理階級，為企業的發展帶來新的生機和活力。

3.3.2 收購創意：全新包產到戶

2015 年 7 月，海爾在北京舉辦了「創見生活感動——眾創意，智愛家」品牌活動。活動透過特別的「眾籌方式」，收集顧客們對家的期待，用跨界的思維打造不一樣的家。

一般眾籌，就是眾籌項目資金。但是海爾這個「智愛家」的眾籌活動，卻開了創意眾籌的先河。在「互聯網＋」時代，任何東西都被互聯網聯繫在一起了。海爾的這種活動就是將用戶都聚集在一起，把他們的想法與本公司聯繫在一起。這種轉變不僅為海爾的產品帶來創新升級，更深化了互聯網思維在海爾集團的運用。

透過眾籌，可以將行銷直指用戶，真正從產品行銷變成用戶行銷。在活動過程中，透過與用戶不斷交互，完成與用戶需求的同步，為用戶尋求種種問題的最佳解決方案。這樣既透過參與用戶自發的深度的互動，培養了一批忠實的客戶；又將發揮活動的傳播功能，透過社群元素的加入，迅速在消費者內部形成市場。

其實這次「創意眾籌」活動是海爾「眾創匯」的一個典型的活動。海爾眾創匯是海爾在 2015 年年初推出的產品定製平台。在這個過程中，用戶可以在平台上自己參與定製過程，和設計師、工程師實現零距離交互，打造屬於自己的獨一無二的產品。

這個「眾創匯」是海爾個性化定製的冰山一角。在這個平台

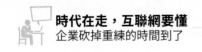

的支撐層面，用戶交互只是其中最顯著的一個層面。而在這個表面的背後，還有三個關鍵字。

1・一個互聯工廠

在這樣一個互聯工廠中，生產和用戶之間要進行無縫連接，用戶可以表達自己的需求，生產者和用戶之間也應該是零距離的接觸。而且，生產的過程用戶也可以讓用戶直接了解，並提出相應的意見。與用戶的無距離交互是互聯工廠的關鍵所在。

2・開放

眾創匯是一個面向所有用戶的開放的平台。以往，用戶要想好改進意見才能到網上來與公司進行交互。但是，在升級的眾創匯上，用戶零基礎也能實現創意孵化。哪怕是天馬行空的幻想，設計師也會盡力將其完成。其實在 2014 年 6 月，海爾在網上以「夏天在廚房做飯最讓你暴怒的事情有哪些？」為討論話題，邀請網友們來討論，最後生產出了廚房「智冷煙機」。這就是海爾意見眾創的開始。只要用戶提供了一個需求，海爾就想出相應的對策來改進用品。

而且，眾創匯的開放面對的不僅僅是購買產品的個人消費者。不同的利益有關方都能參與其中，帶給眾創匯更強大的生命力。不只是在產品外觀的意見模組上，在功能上，眾創匯也對各種技術和產品都是開放的。

3・共享

在整個開放性的平台裡，是一種類似創業的機制。在這樣的機制中，每個人都是創業者，所有實現方包括用戶都能實現運營

的共享。

有著這樣特點的眾創匯，作為商戶與用戶之間交流的一個平台，目前定製流程包括開始定製、交互下單、訂單可視、產品體驗四個流程。

定製流程

在定製的開始環節，用戶也有三種個性定製方式可以選擇。第一種是模組定製，海爾的產品以模組的模式進行重新結構，用戶透過表達自己需求，透過場景還原方式選擇自己的產品。第二種模式是眾創定製，用戶可以在眾創匯平台上提出自己的創意或是期望，平台上對接的各種設計師會參與到定製過程，和用戶進行互動，從而形成新品迭代。第三種則是專屬定製，這是一對一的定製，可以讓用戶擁有獨一無二的定製產品。

3.3.3 靈活串聯：航母變成艦隊

在互聯網思維模式下，最重要的就是要「去中心化」。簡單的

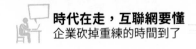

說，就是不能有一個作為全部中心的上級。無中心就是一種扁平的、網路化的分布，每個人都能有自己的價值，擁有自主權。所以在傳統企業的條條框框裡，那些界限一定要被打破，才能組成一個生態圈，實現每一環節的利益最大化，整條利益鏈上的生態和諧發展。

海爾在這方面，就採用了簡政放權的做法。弱化整個管理體系的存在，在企業內部分化出多個小微企業。而海爾的一批小微企業也從自閉系統走向了互聯互通節點，並且拿到了相當不錯的「成績單」：2015 年，海爾集團有一百多個小微集團年營業收入超過了 1 億元，22 個小微企業引入風險投資，12 個小微企業估值過億。

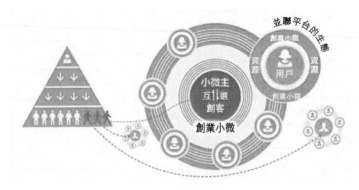

小微企業生態圈

在海爾小微企業的生態圈中，因為小微企業受整個企業的制約並不大，就能更加靈活的與用戶市場接觸。因此，整個小微企業生態圈與用戶圈也是緊密聯繫在一起的。這就使小微企業能更好的適應市場，而且為整個企業發展創造良好的環境。

在海爾的小微企業中，主要又分為四種：第一種是脫離主體的孵化，也就是員工可以辭職，獨立開公司，當然這個過程中可以用海爾的資源；第二種是企業內部平台，在原有的產業上，很多有好點子的人可以交互在一起，成立一個公司，是由原來的產品延伸出來的公司；第三種是眾籌孵化，它可以吸引社會上各種各樣的資源，一起籌資、籌錢、籌資源，成立公司；第四種就是生態小微，在這個模式上，可以有很多社會上的創客進入海爾平台，共享資源。

在這樣一個良好的發展方式中，小微企業成功的案例也是不少。比如海爾首創的馨廚互聯網冰箱，除了具備一台傳統冰箱的功能之外，它還是互聯網的入口，把電商、娛樂、食譜等功能，都融合了進來。在馨廚冰箱與用戶見面後的第五天，馨廚冰箱就獲得了第一筆第三方付費的收入，當時是一位北京用戶透過馨廚冰箱上的電商平台，購買了一袋大米。然後，一些看到收益的第三方平台資源也紛紛被吸引進來，後來又有影音種、廣告種、電商種等資源方主動前來洽談合作事宜。

整體由部分構成，而部分和部分的關係不只是像「1+1=2」那樣簡單。很多時候，部分如果能有序優化，就能給整體帶來更大的經濟效益。海爾的小微企業策略就是這樣。透過小微企業的穩定發展，各部分帶來的利益，以及在整個企業生態圈中聯合所產生的附加價值，為海爾的發展帶來了一個「共創共贏」的新局面。

3.3.4 投資創客：要支持小團隊

在向互聯網企業的轉型中，海爾採取的是一種「小微＋創客」

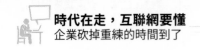

的方式。乍看之下，小微和創客的含義是十分相近的。但是，它們之間其實也有著種種區別。

實際上，在現在的海爾企業，有著三種類型的人。第一種是平台主，像海爾輪值總裁周雲傑這樣的職位就屬於大平台主。第二種是小微主，指那些依託海爾內部不同平台而成立的初創公司。第三種是創客，指在小微公司中持有一定股份的創業者，他們需要與海爾簽訂對賭協議，只有達到一定目標值才可兌現股份。

小微作為企業平台上獨立運作的公司主體，在成立之初，先要去工商局登記註冊。而小微首先要做的事情就是要去找投資。而此時，海爾也會跟投，有了兩筆投資後，小微公司的總經理、員工和創客也要「跟投」。這樣，風頭、海爾還有員工的利益就綁定在一起了。就可以共享海爾的用戶資源和小微資源，與其他小微共同構建一個共贏生態圈。而每個小微公司既共享利益、也一起承擔風險。海爾對目前很多小微公司都進行了第一輪投資。如果能拿第二輪投資，就要將用戶體驗做得更好，這樣才會有推出產品的機會。

比較典型的案例是海爾的雷神遊戲本。海爾雷神遊戲筆記本小微團隊是由「85後」「三李」創建。李艷兵、李寧和李欣三個「海爾創客」利用互聯網交互平台深入挖掘了三萬條用戶數據，整合代工廠和設計資源，還在 2014 年年底引入了天使投資。一年間，雷神把海爾從未做過的遊戲筆記本做到行業第二，僅 11 月 11 日「光棍節」一天就售出一萬台，2015 年給海爾集團上繳了一千兩百萬元淨利潤。

雷神「創客」

現在，海爾內部採用的是「動態合夥人機制」，在海爾的平台上，只要有能力，就能創造自己的價值。海爾為創客們提供了一套「眾創、眾包、眾籌、眾扶」的服務機制。眾創是透過海立方和創意平台，將這些創意和資源平台對接；眾包就是依託海爾的開放式創新平台，使全球有創意的人將創意拿出來共同討論、一起實踐。眾籌，就是指海爾的專項創業投資基金。眾扶則是指幫助內部員工為創業者提供資源平台。

在海爾的創客體系中，海立方對接了眾多創業者和創業資源，為創業提供了大量好的創意，還有創客學院、創客工廠、創客空間等專門為創客們提供了平台，加速了海爾創客的成長。

海爾對創客的投資，不僅僅體現在資金的支持上，更重要的是提供了一個資源的平台。將各種創意與創業者結合，透過分享資源，實現每個創客小微企業的成功，使企業獲得效益的最大化。

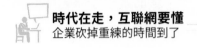

3.3.5 製造人才：平台主的培訓

在海爾，對於集團內各級管理人員，培訓下級是其職責範圍內必須的項目。這就要求每位領導都必須為提高部下素質而搭建培訓平台，提供培訓資源，並按期對部下進行培訓。特別是集團中高層人員，必須定期到海爾大學授課或接受海爾大學培訓部的安排，不授課則要被索賠，同樣也不能參與職務陞遷。每月進行的各級人員的動態考核、陞遷輪調，就是很好的體現：部下的陞遷，反映出部門經理的工作效果，部門經理也可據此續任、陞遷或輪調。反之，部門經理就是不稱職。為調動各級人員參與培訓的積極性，海爾集團將培訓工作與激勵緊密結合。海爾大學每月對各單位培訓效果進行動態考核，劃分等級，等級陞遷與單位負責人的個人月度考核結合在一起，促使單位負責人關心培訓，重視培訓。

海爾大學

而按照海爾現在的策略規劃，整個海爾集團正在向平台型企

業轉化。海爾將成為一個小微公司的創業孵化平台。而在這個平台上，海爾原有的事業部、產品線負責人，都會變成產品線的平台主，為各自的平台催生出的小微平台，提供相應的資源對接、機制創新等服務。

目前海爾集團分為了兩家上市公司：以產業為主體的青島海爾和以管道服務為主體海爾電器。而在未來，海爾的上市公司將演變成兩大平台：青島海爾將從過去的硬體製造商，演變成智慧家庭開放平台；主要由周雲傑負責的海爾電器則演變成虛實融合、價值交互的平台，打通所有線上線下的虛擬店和實體店；同時，海爾電器旗下以大件物流配送安裝為主體的日日順子公司則向社會開放，打造成完全的社會化服務平台。

而從以管控思維為主的傳統管理方式，轉變為用開放的平台思維構建全新的海爾電器組織架構，是一個非常艱難的突破。這要求管理人員也就是現在所說的「平台主」能重新構建管理思維模式和各種管理體制。而在這個轉變過程中，還要盡量保證企業人物不受到太大影響，順利實現平穩過渡。

因此，現在的平台主們對下級員工或者說小微企業的創客們的培訓實際上也發生了相應的變化。在以前，企業高階主管們考慮得更多的是怎樣管人、怎樣考核等，而現在隨著平台組織的轉變，高管們或者說「平台主」首先要考慮的問題就是怎樣打造讓小微公司快速成型、發展的機制。平台的作用，就是能讓小微公司在人群的不斷變化中產生引領作用，在引領過程中產生利潤。

3.3.6 各自為戰：要發揮閃光點

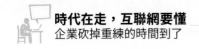
在海爾的策略中，首先就是去「中心化」，海爾將最高的中心權力下放給旗下的小微企業。透過企業搭建一個平台，讓員工們在其中各自努力，雙方價值連接，互惠互利，實現共贏。只有讓小微具備各種決策權、財務權、用人權，才能透過「自創業、自組織、自驅動」創造用戶的最佳體驗。讓每個小微既可以自己創業，也可以創造面向用戶的新品牌。創業三十年來，海爾總結的管理經驗就是「企業即人，人即企業」的理念。海爾明白，只有激發每個人的活力，才能透過人人創客成就時代的品牌。

在現實中，我們更喜歡某個產品，往往不是因為產品本身的原因。很多時候，產品之間的體驗感其實是非常細微的，但是我們常常會因為對某個品牌的好感度，而去買該公司的產品。所以小微企業最重要的還是要打造出自己的品牌。

在海爾的各個小微企業中，其實成功的品牌都有自己的特性。比如上文提到的，也是最引人注目的雷神，就是抓住了用戶這個特點，從三萬條負評中找到了遊戲筆記本的創新之路。而另一些成功的案例也有著自己的特點，比如說，有著隨意組合創意的「空氣魔方」，將淨化、加濕、除濕的功能結合，並且讓用戶自由選擇功能組合這樣的產品，其實是站在了巨人的肩膀上，將原有的產品根據用戶需求的不同進行改良。所以其實，要想讓用戶認可品牌，就要站在用戶的角度考慮問題。

除了小微企業這樣的實體電器的成功例子，還有一些像日日順那樣的服務型的小微企業。它們搭著這趟「順風車」，也在海爾的平台上取得了很好的成效。

比如高如強的「車小微」，透過吸引社會上的人和車，參與到

日日順的服務中來，將日日順轉型為一個開放的、送裝一體化的服務平台。並且在之後，為了配合海爾的資訊化中心啟動互聯網策略，他研發了一系列服務「車小微」的 APP。透過這樣的做法，高如強用「車小微」強化了日日順的服務體系，為日日順的改善做出了很大的貢獻。

透過以上的例子可以看出，小微企業實際上也是一個完整的企業形式。他們要做的事情其實和大企業是一樣的。在互聯網時代，想要出頭，就必須運用互聯網思維，關注客戶需求，從中尋得更加優化的新方式，打造品牌，才能打開一個屬於自己的市場。海爾的存在，是讓小微企業能在這棵大樹下，為自己的發展尋得一方良地。所以它們必須自己挖掘出自己的閃光點，成為自己的營養根基，才能在激烈的市場中茁壯生長。

時代在走，互聯網要懂
企業砍掉重練的時間到了

第 04 章
服務型企業客服創新

在當下，整個社會都趨向買方市場，而不是賣方市場。人們不再會因為買不到商品而煩惱，人們生活中感到困擾的問題通常只是選擇哪一個商品會更好。在這樣的情況下，作為第三產業的服務業在經濟結構中的比重只會越來越大。而與製造業相比，服務型企業最大的特點就是人力成本在企業資本中所占的比例最高，是企業中最重要的資源。

在服務型企業中，產品反而成為了一個載體，為顧客提供服務才是工作的重心。與傳統的製造型產品型企業相比，服務型企業能更好的滿足客戶的要求，增加企業的利潤，提高企業市場競爭力。

4.1 【案例】工商銀行的金融服務

　　銀行作為經營貨幣信貸業務的金融機構，最主要的目的還是為了盈利。銀行收受以存款、定期存款和發行鈔票與債券類等憑證作為貸款用途。這些貸款、借錢，接受資金存入往來帳戶，接受定期存款和發行的債務證券，如紙幣和債券。銀行的放貸用於貸款給客戶、分期付款、投資證券以及其他貸款用途。在這樣一種交易過程中，我們可以看到，銀行造成的就是一個橋梁的作用。將人們手中閒置的錢收集，幫他們加以保存，借出給需要貸款的用戶。

　　集經濟功能與服務功能於一體的銀行，最基本的職責就是服務。服務是打造銀行品牌，提高銀行在行業競爭中的關鍵，「服務立行」也是銀行的基本策略。可以説，服務便是商業銀行的本質所在。銀行服務的核心則是要維護和加強與顧客之間的聯繫。

　　作為中國四大銀行之一的工商銀行在 2016 年也因此提出相應的策略：堅持把服務實體經濟，提質增效作為改善自身經營質態的本源，加快創新金融支持和服務方式，努力為供給側結構性改革和實體經濟的健康發展注入正能量和新動力。實際上，工商銀行一直將金融服務作為各個發展時期的重要方向。

4.1.1 商業銀行的風口浪尖

　　中國商業銀行的發展，大致可以分為三個階段。第一個階段是 1977 至 1986 年，中國基本形成了以中央銀行為領導，以中國銀行、中國人民建設銀行、中國投資銀行和中國工商銀行四大國

家專業銀行為骨幹所組成的銀行體系。

第二個階段是 1987 ～ 2002 年，是中國銀行業的擴大發展的改革階段。到 1996 年年底，中國就已經形成了一個以四大商業銀行為骨幹的龐大的商業銀行體系。2002 年以來，中國商業銀行在轉變機制、健全管理制度、變更業務範圍、調整營業網點等方面進行了改革，但是對國有商業銀行的監管仍然比較薄弱。

從 2002 年至今，中國就開始了「國有商業銀行」向「股份制商業銀行」的改革。這就是中國商業銀行發展的第三個階段了。在這三個階段中，比較有代表性的，就是一直以來盈利能力都很強的中國工商銀行。

而縱觀作為大型商業銀行的工商銀行的發展歷程，其實也就可以窺見中國銀行的發展。最初，在國家專業銀行時期，工商銀行透過廣泛吸納社會資金，充分發揮了融資主管道作用；堅持「擇優扶植」信貸原則，以支持國有大中型企業為重點，積極開拓，存、貸、匯等各項業務取得了長足發展，成長為中國第一大銀行。

在 1994 年至 2004 年間，工商銀行慢慢實現了向國有商業銀行的過渡。工商銀行透過積極調整，資產、負債及收入結構發生了很大變化，推動了經營結構和經營模式策略轉型的實施。資產結構方面，工商銀行原來信貸資產占絕對比重的格局發生了變化，非信貸資產占總資產的比重逐步提高；負債結構方面，被動性負債雖仍占據主導地位，但主動性負債已開始有所發展；收入結構方面，單一依靠信貸利差收入的盈利模式有了較大改變，中間業務收入、債券投資和資金交易收入所占比重不斷提高，存貸

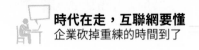

款利差收入的比重有所下降。

第三個階段，就是向股份制企業轉型的階段了。2005 年 4月，國家正式批准工商銀行的股份制改革方案。10 月，工商銀行股份有限公司成立。

可以看出，工商銀行在各方面都是積極配合著國家政策的調整，在不同階段有不同的改革方式，所以在每一年的盈利上，也是保持了非常良好的趨勢。在 2016 年世界五百強最賺錢的五十家公司榜單上，工商銀行以 447.6 億美元的利潤僅次於美國蘋果公司，成為世界上最賺錢公司亞軍。實際上，自 1984 年成立以來，工商銀行總是被冠以中國「最賺錢的企業」稱號，在國際五百強企業中也一直名列前茅。所以也有一種說法——「銀行躺著賺錢」。

即使是在經濟放緩的情況下，銀行仍然能保持較高利潤的增長，其最重要的因素之一就是銀行資本的擴張。隨著中國經濟的增長，需求也在擴張，銀行擴張也就有了可能性。就是說，隨著經濟的發展，銀行的發展會越來越迅速。

其次，銀行利潤最主要的來源就是利差收入，因為過去存貸款利差畢竟還有限制，這個限制實際是給銀行保持了一個最低的利差水平，而這個利差水平是穩定的。當銀行資產規模迅速擴張，利差也帶來了銀行收入的大幅增長。其次，銀行透過股份制等經營體制改革，基本建立了現代銀行業的經營體制，銀行經營管理效率得到很大提升，壞帳率大幅下降，從改革前的 30% 多，一直下降到 2015 年年底的不到 1%，雖然現在有所反彈但也沒有超過 2%。

此外，從某種意義上來說還是在於銀行的壟斷經營。在中國，金融行業的牌照很值錢，銀行基本上還是屬於特許經營而沒有放開，雖然還不算是寡頭壟斷，但也是屬於壟斷競爭。而在這樣的競爭上，銀行實際上是有絕對的優勢的。

銀行自成立以來，在金融業務方面就沒有競爭對手。又由於其有著不可或缺的周轉作用，所以不論經濟疲軟還是興盛，銀行都能從中獲利。在發展完善的幾十年中，隨著中國經濟的不斷進步，銀行也越來越有發展空間。

4.1.2 網路支付推著銀行走

網上支付借助互聯網、移動通信等技術廣泛參與各類支付服務。多樣、便捷、個性化的產品解決了銀行現有資源難以覆蓋的客戶群體支付需求的難題，成為現代支付體系中最活躍最重要的組成部分。而網路支付和商業銀行的關係也從一開始的競爭關係，漸漸變成越來越緊密的合作關係。電子支付平台在推動商業銀行各項業務的深度、廣度發展的同時，也在基本上對銀行的基礎支付功能、傳統中間業務區域、潛在客戶和存貸款、系統安全運行和未來創新發展構成威脅和挑戰。

1·中間業務受到擠壓

商業銀行中間業務主要包括支付結算、擔保、承諾、交易、諮詢等，其中作為傳統媒介的支付結算業務是最重要的部分。然而，第三方支付平台透過業務領域的不斷延伸，對銀行支付結算市場份額進行搶占，替代了大量中間業務。

網上支付平台直接以較低的價格提供與銀行相同或相近的服

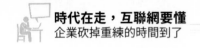

務，已然對銀行的結算、代理收付等中間業務以及電子銀行產生的中間業務形成了明顯的擠占效應。例如：財付通為個人客戶提供信用卡免費跨行異地還款、轉帳匯款、機票訂購、火車票代購、保險續費、生活繳費等支付服務。值得一提的是，用戶註冊網上支付帳戶後，即可透過互聯網、手機等完成帳戶資金的轉移支付，其中收付款管理、轉帳匯款、信用卡還款、網上繳費、網上基金、網上保險等與銀行網銀的功能並無明顯差異，用戶無須註冊銀行網銀就能便利的實現大部分支付功能，使部分電子銀行客戶出現分流，網上平台對電子銀行產生的中間業務收入也形成了替代效應。

而在基金代銷支付市場中，網上支付的力量也在日益增強，擠占商業銀行的代理收入，低於銀行傳統管道的手續費優惠率將成為第三方支付搶占市場的一大策略，隨著交易量的逐步擴大，第三方支付機構在一定程度上將衝擊商業銀行傳統的代理銷售管道，必將影響銀行的代理業務收入。

2 · 客戶的流失

網上支付平台公司擁有龐大的客戶數量，且一旦建立關係，便會有較強的客戶黏性。雖然最初出現的電子支付公司都依附於商業銀行的網關，只提供付款的通道，支付企業無法獲得相關用戶的資訊，但發展到現在的網上支付平台公司改變了這種狀況，這些公司並不透過商業銀行網關進行交易，而是使用自己的虛擬網關，可以直接獲得客戶的相關資訊。可以說，網上支付平台公司瓜分了商業銀行的客戶資源。

而且，有很多中小型銀行在與網上支付平台的合作中，很有

可能樂於充當資金清算後台的職能，從而形成「網上支付平台（大前台）＋中小銀行（小後台）」聯盟，來衝擊銀行業市場現有的格局。同時，網上支付減少了金融卡交易的次數和頻率，交易過程更加簡單快捷，這就更會搶占大量用戶。

3 · 國際化業務

B2B 支付已經成為企業之間交易的常規方式，這一部分用戶規模其實是很大的，而這部分業務正在被網上支付大規模占領，企業間 B2B 商務已經成為其主要業務來源之一；另外，隨著傳統企業 B2B 商務流程不斷的轉向網上支付，以及網上支付針對企業 B2B 商務流程的改進，會逐漸促進 B2B 支付應用的迅速增長。當然網上支付的 B2B 支付方式的迅速增長，對銀行傳統 B2B 支付方式會帶來衝擊。

同時，因為現在國家化的程度在不斷加深，海外網站購物已經成為了人們一種新的生活方式。中國這幾年也成為跨境購物人數增長最快的國家之一。此時，互聯網金融就有了優勢。實際上，網上支付具有無國界的特點。相對於傳統銀行而言，這種跨國界的商業交易更依賴便捷的網上支付。因此，網上支付國際化程度正在不斷加深，這對銀行而言也將是一個巨大的威脅。

4 · 改變了顧客的行為模式

其實網路銀行最重要的一點就是改變了顧客的行為模式。由於習慣了網上支付的方便、快捷和人性化服務，所以客戶對商業銀行服務品質會有更高的要求，降低對一些行為和規定的容忍度。這對於以經營風險為主，風險控制文化已透過厚重的歷史累積沉澱滲透到體制和機制的各個角落中，用戶體驗方面往往存在

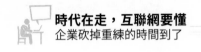

「先天不足」的銀行業來説，無疑是一個巨大挑戰。

在網路銀行的衝擊下，各個銀行也相繼推出了自己的網路銀行，如工商銀行的網路銀行，以應對網上支付的挑戰。

網上支付不僅在商業銀行的支付業務上產生了影響，更對傳統的服務思維和經營理念帶來了前所未有的挑戰。此前，商業銀行依靠壟斷優勢和政策紅利獲得巨額利潤，至今，管道單一、產品固化的經營模式也要求商業銀行必須走上轉型之路。可以説，網上支付使得銀行開始出現危機，而不得不調整其經營模式，以適應當下的發展狀況。

4.1.3　支付寶帶出最大危機

傳統銀行對我們而言，其實最重要的就是三種功能——存錢、取錢、貸款。但是這三大核心功能都被支付寶這個手機軟體給解決了。辦理金融業務時，人們也有了除銀行之外的選擇。而隨著智慧移動終端的普及，互聯網金融也迅速發展。這時，支付寶對銀行的衝擊就特別明顯了。

1·支付寶：取現，花錢

支付寶一開始只是作為銀行和電商的交易中介平台。在淘寶上購物可以利用支付寶進行網上付款，但是到今天，支付寶已經在慢慢脱離銀行，自己沉澱資金。從一個中介，變成一個供應商。

支付寶在網上就能實現消費的功能，而且，支付寶的運用也越來越廣泛。一開始，支付寶只能用以購買商品。但是漸漸的，計程車、公共交通、超市、餐館等商家都開始出現支付寶的身

影。到現在，在我們生活的各個領域，都能夠運用支付寶完成電子交易。

同時，支付寶還能便捷的完成電子轉帳功能，方便人們提取現金。所以不論是線上消費，還是線下消費，支付寶都有涉足。

2・餘額寶：存錢、理財

如果說支付寶給傳統銀行業帶來了前所未有的衝擊，那麼「餘額寶」就是為銀行業帶來了真正意義上的危機。2013 年，餘額寶正式上線，從此以後，支付寶不再只是個讓你花錢的「無底洞」，它也能透過理財的方式為你創造收益。餘額寶剛推行十八天，就從銀行手中「搶」來了 57 億元的資金存款。大量的銀行存款開始「搬家」。餘額寶開始觸及銀行真正的生存根基。

餘額寶的高收益聚集了大量用戶，並不斷推出理財工具，如「螞蟻聚寶」，包含類似招財寶的定期理財以及一些基金等。以招財寶為例，這是一款可以隨時變現的「定期理財」，同時搭上保險公司來為其提供資金保障，目前已經有二十家財險公司與招財寶合作，為超過兩百萬的企業和個人提供信用保證保險。

而銀行理財的利率普遍很低，一些小額定存都低於支付寶的活期理財，再加上銀行現在「飛單」實在太多，餘額寶的壞帳卻低於銀行的普遍水平的 92%。高收益、低風險的優勢使餘額寶理財逐漸變成一種趨勢的選擇。

3・螞蟻花唄：借錢、貸款

除了在存款、取款上的便利，借款，作為銀行的又一項主體業務，支付寶也開發了相應的區域。支付寶已經改變了大多數人

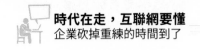

使用現金的習慣，電子交易深入到人們經濟生活的各方各面。而生活中，總有錢不夠的時候，這時候，「螞蟻花唄」就提供了一個很好的借款管道。

對於小微企業而言，貸款難是一個存在很多年的「頑疾」。它們可用於抵押的資產過少，信用也不夠。網路銀行則為它們提供了無抵押貸款，推出口碑貸，服務只有二十坪的餐飲小老闆，推出天貓貸，服務淘寶天貓那些急需用錢的小商戶。螞蟻小貸已經為超過兩百萬家小微企業解決融資需求。

相較於小微企業的貸款，借錢更是生活中容易碰到的事情。利用支付寶也可以向朋友借錢，「借條」功能直接體現了借貸文化。透過支付寶向好友借錢，設置自動利息，則能透過支付寶向朋友提醒還款，到期自動還款，打破「借貸」之間的尷尬。

在支付寶的重重壓力下，一些小型的傳統銀行面臨倒閉的危機。這讓各大銀行紛紛開始轉型，「網上轉帳全免費」業務開始在各大銀行推出。在傳統銀行業，其實不是支付寶給它們帶來了巨大的危機，而是它們自身的缺點導致了大量利益的流失。在支付寶的競爭下，銀行「躺著賺錢」的黃金時代已經在漸漸遠去了。

轉帳手續費、大量線下網點、複雜而高門檻的抵押貸款……支付寶只是抓住線下讓人們覺得不太方便或不太合理的方面入手，就能實現對銀行業的全面衝擊。實際上，這並不是一場競爭的過程，而是一個讓銀行業能重新審視自己的機會。

4.2 【問題】被服務扼住行業咽喉

在互聯網金融的衝擊下，銀行現在正處於利率市場化實質性推進、金融脫媒趨勢越車加明顯、銀行同業間競爭日趨激烈的環境中，「人性化」服務也就成為直接影響銀行未來發展的重要因素。提升服務內涵，切實達到以人為本的服務效果成為了各大銀行在轉型發展過程中形成差異的主要因素。

商業銀行是現代服務企業，服務是銀行最基本的經營方式、最主要的效益來源和最重要的無形資產。服務品質的高低直接影響到銀行的品牌價值和聲譽形象，關係到銀行的長期可持續發展。因此銀行之間的競爭，不僅僅是產品上的競爭，更重要的是服務模式上的競爭。

4.2.1 消費習慣已經大變樣

對於商業銀行而言，其實正面臨著巨大的挑戰。首先挑戰是來自客戶方面的，在當代，實際上商業銀行的主體顧客群已經發生了變化。八〇後、九〇後已經成為中國的消費支柱和社會的主流，而過去傳統的消費行為模式，支付行為模式，也同樣正在悄然發生非常深刻的變化。

根據一些市場研究報告，八〇後、九〇後差不多 80% 以上的人選擇在網上購物，或者正在考慮在網上購物，這些人群基本上不會到商業銀行網點辦理銀行業務，在未來，商業銀行的六點五萬家營業網點將面臨巨大挑戰。如果按單位網點來衡量，多數銀行實際上是處於虧損狀態的，而在未來，這些虧損狀態還會上

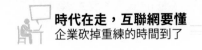

升。商業銀行的成本優勢也就會漸漸變為劣勢。

互聯網金融，至少在支付模式上，會從根本上顛覆傳統銀行的 ATM 機和營業網點的這個優勢。而傳統銀行龐大的網點，不能立刻撤銷，但是網點本身又不能為銀行帶來足夠的盈利，所以銀行必須想出辦法處理好自己的營業網點的問題。

而由於現在消費者消費觀念的改變，越來越多的人不願意再將錢放到銀行，雖然現在的居民儲蓄款接近四十五億，但是居民儲蓄增長率卻一直以來都在下降。而這樣的變化會漸漸使銀行負債基礎主要不再依靠儲蓄。這時，銀行的運營模式和監管模式，都將發生深刻的變化。

當商業銀行的絕大部分負債要透過貨幣市場的拆借，那麼商業銀行的風險管理、流動性的管理、錯配的防範和管理就會受到前所未有的挑戰。

同時，八〇後、九〇後的投資觀念也與上一輩有了很大的不同。年輕人更多追求的是多元化、個性化的投資品種。他們的消費觀念更加接近於「不把雞蛋放在一個籃子裡」。而現在的商業銀行投資方式實際上依舊比較單一。銀行之間實際上的差別並不大，銀行競爭也基本上是同質競爭。

我們傳統的商業觀念和互聯網式觀念的一個很重要的差別就是，傳統思維較為單一，總是以一種山寨模式進行低水平的重複性競爭。而互聯網思維則要求全方位、多元化的思考可能性。因此互聯網金融在一開始就給了傳統銀行本質上的衝擊。

人口消費觀念上的多元化，互聯網給世界帶來了更加個人

化、多元化的可能。所以傳統銀行也必須順應這樣的要求，有更加多元化的服務。

4.2.2 金融業競爭轉向服務

隨著金融市場的開放，實際上銀行已經是一個最具替代性的競爭行業，不但金融業內各種機構可以相互進入和代替，非金融機構在互聯網的幫助下，也越來越容易代替銀行的業務功能。所以，商業銀行的差異化服務也就在競爭上顯得十分重要了。

銀行真正出售的產品其實就是服務。存貸款、支付、理財等諸多業務的本質是服務。銀行與客戶相交換的並非是貨幣或其價值本身，客戶為銀行所支付的代價是服務的代價。銀行的根本利潤來源是服務。這是銀行盈利的原因所在。

但從實踐看，服務創新的重要性卻並未得到足夠的重視。銀行服務創新並非僅僅指微笑服務、規範服務以及提高服務效率等櫃檯過程，而是指行銷過程。在互聯網金融的衝擊下，目前中國各商業銀行都已經推出了很多金融創新品種，但需求並不旺盛，效果遠不理想。其重要原因之一就在於，新的「產品」缺乏行銷服務方面的開拓過程。從目前情況看，服務創新可能比品種創新更為迫切。具體來說，就是要把「服務」的概念擴展到櫃檯之外，把「服務」的範圍推廣到交易發生之前。

傳統銀行和互聯網金融業相比，有著更好的體現服務，這也可以說，金融業的競爭實際上就是一種信譽的競爭，一種服務的競爭，誰的服務好，誰就更能適應顧客的需要，占領更多的市場。銀行服務體現的是銀行管理水平，其中包含著銀行的文化內

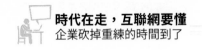

涵和精神風貌，展現在公眾面前的是一種品牌。

在互聯網金融中，有個很重要的概念就是 P2P，也就是互聯網金融借貸。相較於傳統銀行的借貸業務，P2P 更加方便快捷。但是同時也帶來了風險。信用雖然在金融實體業務的辦理上帶來了麻煩，但同時卻確保了交易的安全性。P2P 交易的風險顯而易見比銀行交易風險要大，而很多互聯網借貸交易可能就無法得到良好的實現。在這種情況下，互聯網金融仍然能在短時間內給銀行業務帶來影響，但是從長期來看，這樣的金融模式是缺乏保證、無法長久的。

在金融發展的過程中，整個金融服務這一塊，以前由傳統的大銀行、大機構壟斷。但在一些小的金融服務方面，這些大銀行、大機構覆蓋不到。這些小地方實際上占的面積卻並不小，這就為互聯網金融提供了發展空間。像餘額寶這類網上產品，都為中小企業和個人帶來了巨大的方便，也就能在短時間裡就取得巨大收益。

因此，銀行必須改變服務模式，為個人和中小企業帶來更多的便利。銀行的壟斷已經被打破，互聯網金融讓銀行更能意識到顧客的重要性、服務的重要性。客戶就是銀行業務的生命，也是銀行業務的核心，所以提升服務品質，帶來更加全面、個人化的服務就成了金融競爭的新動力。

4.2.3 理財產品信譽成問題

銀行理財產品是商業銀行在對潛在目標客戶群分析研究的基礎上，針對特定目標客戶群開發設計並銷售的資金投資和管理計

劃。在理財產品這種投資方式中，銀行只是接受客戶的授權管理資金，投資收益與風險由客戶或客戶與銀行按照約定方式雙方承擔。作為構成銀行重要收益的一項基本業務，在互聯網金融下，各大銀行紛紛推出多樣化的銀行理財產品，比如工商銀行步步為贏基金等。

這些多樣化的理財產品在給銀行帶來收益的同時，也產生了一些信譽問題。比如下面這個工商銀行理財信譽的案例。

根據陳先生的表述，去年年底，他用工行網路銀行購買了一筆名為「財富穩利 147 天」的理財產品，當時年收益率是 4.85%。

「雖然產品收益率跟其他銀行相比不高，但是在工行客戶可選擇的範圍內已經是很高的了。」陳先生表示，今年 4 月 23 日產品到期，購買時他沒選「是否自動再投」的選項，但它預設為「是」，陳先生說，當時沒搞明白啥意思，只知道按照以往不多的經驗，4 月 23 日到期可以連本帶利拿出來。

「結果到期了，除了收到一條遲到的分紅簡訊提醒之外，就沒有下文了，我滿心等著把本錢贖回可以買別的銀行的產品，結果等到 4 月 27 日也沒動靜，再到網路銀行一看，才發現工行已經幫我又買了一期，下次到期要到 9 月分，而且我已經無法撤單。」陳先生表示，自己當時馬上給工行打電話，希望他們幫忙撤單，結果折騰了兩天，對方先後多人來電，說是選自動轉投的，無法撤單。

陳先生表示，他當初沒有選擇自動轉投，但網路銀行預設設置為「是」，而不是「否」，存在銷售陷阱。此外，既然可以有分紅簡訊提醒，但銀行在其續買的時候，卻沒有提示簡訊，存在誤導。

從上面的案例中，我們可以看到陳先生遭遇的購買理財產品時，被銀行預設設置了投資的操作。而這樣的「陷阱」實際上

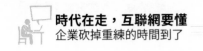

還不止這一種，比如說購買的基金產品到期後，錢會預設轉入到理財帳戶。理財帳戶的資金和活期帳戶是相連的，但是理財帳戶並沒有利息，這也就是說，用戶如果不能將基金帳戶轉入理財帳戶，存款就是零利率。

同時，一些銀行代銷理財產品也難以兌現。對於理財產品出現到期無法兌付的問題，主要責任在於理財產品的發行方。但是一位銀行業分析師認為，作為資金的託管方，銀行的責任主要在於監督資金是否用於預定用途，如果資金沒有按照既定投向投放，而銀行方面也沒有及時制止，在這種情況下，銀行需要承擔託管責任。

理財產品的增加，銀行卻無法完全對自身業務負責，這就導致銀行的信譽受到了威脅。而這對銀行形象和業務都是有很大的損害的。

4.3 【措施】產品服務的全面升級

在互聯網金融的衝擊下，服務問題已經成為各大銀行最緊迫棘手的問題。只有在產品服務方面進行全面升級，才能使銀行擺脫漸漸陷入被動的消極情勢，重新將金融主動權拿回手中。在不同的時代，企業必然也要做出相應的改變。傳統銀行已經感受到了互聯網時代的召喚，因此，也必須在新的時代有新的樣貌。以工商銀行為例，看看傳統銀行該怎樣實現轉型升級。

4.3.1 移動支付：手機銀行開發

手機銀行是網路銀行的派生產品之一，它的優越性集中體現在便利性上，客戶利用手機銀行不論何時何地均能及時交易，節省了 ATM 機和銀行窗口排隊等候的時間。為了給顧客提供便利，各大銀行在近幾年陸續推出了各自的手機銀行。而早在 2009 年，工商銀行就有了手機銀行的 3G 版，到 2013 年，工商銀行的手機銀行已經漸漸成熟了。

手機對於銀行創新金融服務管道、推進銀行經營轉型、增強市場競爭能力凸顯了重要作用。作為個人網路銀行發展而來的手機銀行，有著與網路銀行相同的業務功能。像在線查詢帳戶餘額、交易記錄，下載數據，轉帳和網上支付等這些基本業務，還有投資、購物、理財也都能透過手機銀行便捷的完成交易。

手機銀行更是傳統銀行與互聯網結合的產物，同時，又因為現在智慧移動終端的普及而聯合了手機，三者的融合，也讓顧客享受到了前所未有的便利。這個優勢，體現在以下幾個方面。

1‧降低了運營成本

手機運營業務的開展，使銀行的低成本運營又發展出了一個新局面。第一，手機銀行的組建費用大概相當於銀行建立一個小支行的費用。第二，網路銀行業務成本低，就可以將節省下來的成本與客戶共享以爭奪客戶和業務市場。

同時，實體業務的減少，可以將櫃檯資源盡量提供給高端用戶。手機銀行在降低運營成本，使銀行完成業務轉型過程中發揮著巨大作用。

2‧突破時空限制，服務更加人性化

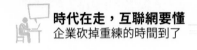

手機銀行能在任何時間、任何地點透過手機獲得銀行的金融服務。透過這種方式，銀行業務不受時空限制，每天可以向客戶提供二十四小時的不間斷服務。商業銀行可以採取虛實結合的方式，透過手機銀行拓展服務空間和時間。相較於傳統的網上支付，手機銀行更具有靈活性和即時性。同時，手機銀行可以將金融業務和市場無限延伸到世界的各個角落，為商業銀行開拓國際市場創造了條件。

3・互動效率增強，服務更加標準化

手機銀行緩解了商業銀行服務人員少造成的業務壓力，同時也提高了用戶的操作效率。在這種掌上銀行中，用戶的資訊都在自己的手機終端，通常不需要再次錄入，整個過程都很簡潔。而且，這種透過手機的方式能夠根據每個用戶遇到的不同問題，提供相應的標準化服務。

正是由於互聯網金融和智慧手機如今都已經融入了人們的生活，所以傳統銀行應該結合這兩方熱點為自己的業務挑戰尋找突破口。實際上，互聯網金融與銀行業務不只是一種完全對立的競爭關係。在互聯網大潮中，銀行不可避免的也要融入互聯網因素。而透過手機這個載體，實際上更能將銀行業務與互聯網便捷的結合。

4.3.2 移動理財：融 e 購領著跑

支付寶對傳統銀行的存款、取款、借貸等業務都帶來了衝擊，而各大銀行也對這樣的情況積極採取了一些措施。工商銀行就是在這樣的形勢下，推出了集消費採購、銷售推廣、支付融資

一體化的金融服務平台——融 e 購。

2014 年 1 月，被工商銀行稱為互聯網轉型的三大平台之一的電商平台「融 e 購」正式上線。而據 2015 年數據顯示，「融 e 購」電商平台的交易額數字已經累計突破一千億元，交易總額增長超過 550%。按照這個數字，工行已經成為中國十大電商之一。

京東從上線之初到交易額突破千億用了足足七年時間。去年奔跑在上市之路上的京東實現了交易額翻倍，達到二千六百零二億元人民幣。「融 e 購」僅僅用了十四個月就已達到千億銷售量，這實在讓人感到吃驚。

理財產品、汽車、資訊消費、3C 數位是「融 e 購」平台中消費量最大的幾個領域。貸款消費、信用卡積分抵現金消費為兩大特色。

手機消費和房產都是該平台較熱門的商品交易之一，但根據交易情況的數據來看，這兩者都沒有對融 e 購產生很大的業務影響。其實這半年間的八百多億銷售最有市場的還是理財產品。在半年八百多億的銷售額中，金融理財產品甚至可能占到了 80% ～ 90%。

對於做電商，工行提出了兩個方向，一是真，邀請商戶保證產品品質。二是值，就是不收費。商戶在「融 e 購」電商平台上來經營沒有入駐費，沒有交易傭金，也沒有宣傳推廣費。

而在融 e 購之後，工商銀行又相繼推出了融 e 行和融 e 聯兩個金融理財電商平台，也是向互聯網轉型的平台。在融 e 購的產品獲得驚人的銷量之後，融 e 行也取得了巨大成就，客戶數突破

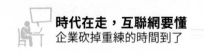
兩億戶。在投資業務方面，支持 T ＋ 0 贖回的工銀瑞信添益快線貨幣市場基金產品；同時滾動發行、定期開放且收益具備競爭力的穩利型理財產品以及不定期投放的有一定鎖定期且收益率具備競爭力的期次型理財產品；保險業務首期投放工銀安盛蠆交五年期投資類保險產品一款，與資產投資項目掛鉤，在提供穩健收益的同時提供雙重身故保障。與此同時，帳戶黃金、白銀和積存金等產品，也可在「工銀融 e 行」根據客戶業務需要進行參數化配置。

而工銀融 e 聯定位是「金融社群平台」和「隨身金融客戶經理」，集財富顧問、隨身專家、人脈網路、全能助手、口袋保險等特色和專業功能與服務於一身。

金融業的互聯網轉型，也是銀行發展的一個方向。與傳統電商相比，銀行電商的優勢並不是很突出，這就要求銀行能夠充分利用自身優勢進行互聯網轉型。像工商銀行這樣利用傳統有優勢的理財業務實現突破，不失為一個好方法。

4.3.3 做第三方：連線交易平台

工銀 e 支付是中國工商銀行為滿足客戶便捷的小額支付需求而推出的一種新型電子支付方式。開通後，無須使用網路銀行，只需填寫「手機號＋銀行帳號後六位或帳戶別名」，再根據簡訊收到的「手機動態密碼」完成小額支付的安全認證，即可實現 B2C 電子商務、交費、小額轉帳交易。

「工銀 e 支付」是像支付寶一樣的快捷支付方式。但是與支付寶快捷支付不同的是，「工行 e 支付」從推出一開始就明確了限

額,即單筆三千元以內(含)的付款。據工行方面發布的消息稱,在工行「融 e 購」電商平台中的所有商家購物、在 12306 中國鐵路網站購買火車票等,無論是電腦端還是手機端均可使用「工銀 e 支付」輕鬆付款。由此,「工銀 e 支付」實際上就成了工商銀行對抗支付寶而推出的第三方交易平台。

實際上,工行做第三方的策略並不止這一個,工商銀行的「網上第三方託管業務」很早以前就開始推行了。「第三方託管業務」即買方將貨款付給買賣雙方之外的第三方,第三方收到款項後通知已收到買方貨款,並同時通知賣方發貨,賣方即可將貨物發給買方,買方通知第三方收到滿意的賣方貨物,第三方便將貨款付給賣方。

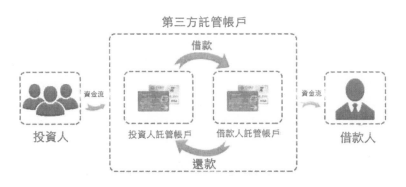

第三方託管交易

透過這個業務,銀行能更好的保證顧客的資金安全。尤其是在一些類似 P2P 的金融投資方面,為顧客實現資金託管,就能讓客戶實現對資金的監管。同時,這樣一筆業務能夠增加銀行的業務,擴大銀行的營業範圍,為銀行在互聯網行業打好基礎。

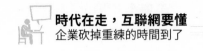

4.3.4 移動推播：服務要送出去

在當代，互聯網能夠如此迅速發展，有一個很重要的原因，就是它改變了現代人的生活方式。現在，大家都很忙，所以都想著方便快捷，想看足不出戶就能體驗到各種服務，買到各種商品的生活。因而人們也變得越來越被動，不願意太耗費心力在查找各種資訊上，這時，對任何企業來說，想要獲得更多的客戶資源，就必須大規模進行推播。

推播，從根本上而言就是內容提供商向用戶傳遞消息的一種服務，只不過形式不一樣。當年黑莓機很火的時候，郵件推播服務就是其主打的特性，然而由於涉及移動營運商的利益鏈，推播服務受到了很大的限制。最近幾年，隨著移動互聯網的大行其道，推播服務也得到了更多的發展，移動營運商也不得不接受這種妥協。

工行在 2015 年，開始實施用戶透過工行個人網銀、手機銀行、融 e 聯、電話銀行、櫃檯等管道定製餘額變動、理財提醒等各類工銀信使，選擇「APP 推播消息」方式，即可免費享受工行貼身高效的信使服務。

工銀信使 APP 推播消息是工行新推出的工銀信使消息接收方式。與工商銀行以前的工行信使簡訊接收方式不同，APP 推播消息方式是工商銀行為適應移動互聯網發展趨勢，滿足人們不斷變化的溝通交流習慣而推出的工銀信使接收新方式。這種方式利用智慧手機客戶端消息推播技術，向客戶的融 e 聯或手機銀行 APP 在線發送工銀信使消息，便於透過手機 APP 及時接收、查詢、管理資訊。

除了能夠免費的好處之外，工行信使因為採用的是銀行專屬 APP，所以只需打開融 e 聯或手機銀行 APP，一鍵即可查詢所有資訊，而基於大數據以及工行專業的防詐騙系統，工銀信使讓客戶的帳務資訊更加安全可靠，更能有效規避簡訊詐騙、各種高科技手段偽裝的釣魚資訊等。這樣不僅為顧客帶來了便捷，也帶來了更多的資訊安全。

4.3.5 網路客服：客戶體驗居首

融 e 聯是工行打造「e-ICBC」的即時通信平台。它的上線，標誌著工行客戶行銷和服務進入「移動社群化」時代。該款服務工具的功能非常強大。據介紹，「融 e 聯」可提供的核心服務主要包括：專屬客戶經理針對性的金融服務；豐富完善的資訊服務與交易功能；專業的金融交流圈等。不僅如此，相比其他即時通信平台，「融 e 聯」更能保護客戶隱私，達到銀行級別的安全保護。

工行融 e 聯與傳統金融軟體不一樣的是，在金融業務之中加入了社群的因素，能更好的讓客戶感受到社群的氣氛，拉近與客戶的距離，比如下面這個案例。

小張是一名公司白領，由於剛參加工作兩年，積蓄並不多，但他對投資理財有著濃厚的興趣，希望能透過理財讓自己的積蓄不斷增多。

為了能購買到性價比比較高的理財產品，小張經常跑到工行網點與客戶經理聊天，了解當前理財產品推出的情況及市場行情。如果有合適的產品，小張也會直接在網點購買。但因為平時工作較忙，與客戶經理的溝通只能在週末，碰到客戶經理週末休息的話，小張只好打電話、發簡訊聯繫，溝通很不方便。

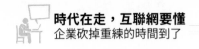

一天，小張經過工行網點時看到宣傳海報上在宣傳「工行融 e 聯客戶端」，他很好奇，於是走進網點向客戶經理了解「融 e 聯」平台客戶端的功能。

「您使用客戶端軟體，可以透過『消息』頁籤聯繫您的客戶經理、購買客戶經理推薦的理財產品，辦理轉帳、餘額查詢等業務，透過『發現』頁籤查看朋友圈及推薦，透過『功能』頁籤享受機票、樂透購買等，以及透過『我』頁籤對個人資訊、手勢密碼等進行設置。」聽到客戶經理介紹了這麼多實用的功能，小張禁不住問客戶端怎麼下載、怎麼登錄使用，客戶經理都耐心的為他一一做了講解。

不一會，小張就可以自如的使用客戶端軟體了。他不禁感慨道：「工行電子銀行真的好強大啊！現在有了『融 e 聯』客戶端，我就可以及時、快速的與客戶經理聯繫，有了這個客戶端可節省不少時間。」

從顧客小張的感受就可以看到，透過「融 e 聯」，可以與客戶經理聯繫，而不用每次都去網路銀行。這給客戶帶來了很多便捷。

目前，「融 e 聯」可以提供的核心服務包括三點：專屬客戶經理針對性的金融服務；豐富完善的資訊服務與交易功能；專業的金融交流圈。透過「融 e 聯」客戶端，客戶不僅可以向工行客戶經理、客服服務號及其他聯繫人發送圖文資訊進行聯絡溝通，還能發送朋友圈、辦理轉帳匯款、購買機票及樂透、分享和交流資訊。

同時，使用「融 e 聯」客戶端不僅可以避免因假網站、詐騙簡訊等引發的風險事件，還能有效規避透過微信等第三方開展業務帶來的客戶資訊流失風險。「融 e 聯」適用於包括工行電子

銀行個人客戶、融 e 購客戶及其他工信註冊用戶等在內的所有個人用戶。

4.3.6 貼心推廣：信賴才是關鍵

2012 年，工行推出了「智慧城市炫卡」，社區居民不論是到附近菜市場買菜，還是到附近超市購物，不必帶現金，刷卡即可支付，甚至到社區醫院預約門診也可以使用此卡輕鬆完成。這張卡集服務預定、身分識別、志願服務及商戶消費等多項功能於一體。

而在 2016 年，伴隨著互聯網的發展以及互聯網金融帶來的衝擊，工行又開啟了立足「智慧菜市場」，推廣便民支付的工程。這次的宣傳活動包括了金融 IC 卡的發行和閃付功能的推廣、全轄自助機具的圈存功能的普及，以及金融 IC 卡進社區、企業、學校應用推廣等內容。進一步普及了「智慧菜市場便民支付工程」金融 IC 卡推廣、擴大了金融 IC 卡推廣宣傳面、切實提高了公眾使用電子貨幣結算的認識，營造了良好的金融 IC 卡推廣氛圍，有效擴大了金融 IC 卡使用的範圍。

深入到「菜市場」，就是將金融 IC 卡融入人們的生活，在各方面為市民們帶來便利。這也十分符合工商銀行向互聯網轉型的整體策略。

在互聯網轉型的過程中，工商銀行並不是只注重線上建設，而是堅持將線上線下互相連通，打造一種互補支撐的模式。在互聯網時代，金融消費者對實體管道的信賴、個性化的服務體驗，對複雜業務的面對面交流仍然是不可取代的。所以工商銀行也加

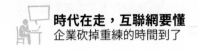
快了線下智慧網點的建設，在境內所有網點開通了 Wi-Fi，發揮物理管道在客戶輔導、業務拓展、服務展示等方面的特有優勢，使境內近一萬七千萬家網點以及連通全球四十多個國家和地區的境外機構，成為線上業務的重要資源和服務協同。

同時，工商銀行利用平台思維，圍繞每個網點積極推進覆蓋衣、食、住、用、行的「工行 e 生活」店商圈建設，線上為商戶搭建前台界面，向消費者推播相關商業資訊，線下透過網點全方位服務商戶，打造「金融＋商業」的生態環境，致力於在每一個需要銀行的商業場景做到無處不在、觸手可及，提供與日常生活無縫連接的金融服務。

從工商銀行的互聯網轉型過程中，我們可以看到，銀行一類的傳統企業想要轉型，仍然要將重點放在核心——服務商。透過互聯網，將線上和線下完整的結合起來，才能使服務變得更加貼近顧客們的生活，也才能適應互聯網時代的生存環境。

第05章
實體型企業行銷轉身

實體企業，即是傳統的獨立從事生產經營活動，擁有一定自留資金，實行獨立經濟核算，並能同其他經濟組織建立聯繫和簽訂經濟合約，具有法人資格的經濟組織。通俗的講，實體企業就是相對於互聯網線上經濟而言的線下經濟。在「互聯網＋」大行其道的時代，傳統的實體企業不可避免的受到了強烈的衝擊。從線下轉向線上，從實體經營走向網路經營，是實體型企業的必經之路。因此如何在網路時代實現企業的轉型，成為了眾多傳統企業面臨的巨大難題。

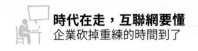
5.1 【案例】蘇寧的發財致富路

2015 年 8 月 10 日，阿里巴巴集團和蘇寧雲商集團股份有限公司共同宣布達成全面策略合作，阿里巴巴成為了蘇寧的第二大股東。由此，蘇寧在「互聯網＋」的轉型之路上又走出了重要的一步。26 年前，蘇寧還只是一家空調專營店，經過這麼多年的發展變化，它已然成為一個龐大的商業帝國。為什麼每一次轉型都有蘇寧？而它每一次轉身又都是華麗的。一個成功的企業，一定是一個求變求新的企業，或者說是一個懂得順應時代變遷的企業，而蘇寧就是這樣的企業。

恐怕連蘇寧自己都想不到，以電器零售起家的公司，最終會成為一家立體綜合的電子商務公司。從一個兩百平方公尺的店面到商業巨擘，蘇寧經歷了幾次時代商業的變革，而每一次變革，它似乎都能夠把握住風口，實現完美的轉型。當然，這個過程中的艱難和陣痛也是可想而知的。但對於商業來說，沒有什麼比把握時代脈搏更為重要。從最初的實體商店，到今天的「互聯網＋」時代，從某種意義上來說蘇寧見證了中國企業的歷史滄桑。

5.1.1 馬路邊的產品專賣店

1990 年代的中國，經過十年的經濟改革，許多私營經濟不斷湧現，成為國家經濟的新生力量。與此同時，人們的觀念和生活也發生了巨大的變化。人們的購買力不斷提高，對於新鮮事物的熱情也是空前高漲，越來越多的人渴望過上不一樣的生活。1970 年代，手錶、自行車、縫紉機是很多人夢寐以求的「老三件」。到 90 年代，空調、電腦、錄影機取代了「老三件」，成為那個時代

的特有印記。人們對「新三件」的消費慾望，也激發了當時的電器市場，蘇寧就是在這一時期誕生的。

1990 年 12 月 26 日，蘇寧在中國南京寧海路 60 號正式開業，那時的它叫「蘇寧交電公司」，專營一家兩百平方公尺的空調店。就是這麼一家小小的商店，二十多年後，成為中國商業企業的領先者。以零售空調起家的蘇寧，可以說從一開始就展現出它的時代嗅覺，這一敏銳的嗅覺也成為它多次成功變革的關鍵。這家馬路邊的專賣店，將要開始漫漫商業路。

蘇寧創立之初

最初的三年時間，是蘇寧的初創期，也是重要的原始積累時期。在這一時期，蘇寧樹立了自己的品牌，打下了堅實的商業基礎。在頭五年時間裡，對於蘇寧來說最重要的事件莫過於著名的「空調大戰」。1993 年，蘇寧和南京市八大國營商場展開了一場空前激烈的「價格戰」，也是中國商界首次在供不應求的市場下爆發的「價格戰爭」，這場「空調大戰」也被稱為「『小舢舨』和『聯合艦隊』的正面交火」。最終的結果是蘇寧大獲全勝，由此大大提

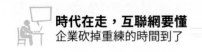

高了蘇寧的市場知名度和影響力。

在「空調大戰」當年，蘇寧的銷售額達到了驚人的三億元，它也由此開始進入快速發展和擴張的三年。由於打響了品牌，提升了知名度，再加上專業的售後服務，蘇寧迅速成為空調市場的佼佼者。但 1990 年代的中國市場風雲變幻，企業也必須跟隨市場的變化做出相應的調整，否則只能成為歷史的匆匆過客。蘇寧在這一點上做得尤為出色，這也是它能夠成為中國優秀企業的重要原因。

1995 年，家電市場開始從賣方主導轉向買方市場，行業利潤開始下降，很多製造商直接滲透到二三級市場，甚至自建終端。如此一來，造成了「代理商」的恐慌和「造反」，從而擾亂了零售市場。彼時的蘇寧，已具備相當規模，且名氣正盛，自然受到了更大的衝擊。於是蘇寧當機立斷，撤銷各地的批發辦事處，建立自營零售網路，並成立專營批發部。這一創舉是蘇寧經營方式的一次重要轉變，它不僅使蘇寧在混亂不利的市場中穩住陣腳，也為之後的連鎖零售模式奠定了基礎。

5.1.2 因連鎖雄踞市場一方

一般來說，一個企業做得越大，時間越長，就越難改變，但蘇寧的改變似乎從未停止過。1996 年 3 月 28 日，蘇寧的第一家子公司——揚州蘇寧電器有限公司成立，蘇寧開始了直營連鎖階段，又一次開創了中國電器市場的新商業模式。從 1996 年開始，蘇寧先後在揚州、北京、上海、廣州、徐州、無錫、常州、浙江、安徽、江西等地，建立了五十多家連鎖店。1996 年至 1998

年，是蘇寧調整和轉型的三年，在這過程中，它不斷刷新銷售額，展示了連鎖模式的初步成效。

經過三年的調整和建設，從 1999 年開始，蘇寧開始全面引入直營連鎖模式，並且向綜合電器連鎖經營轉型。1999 年 12 月 26 日，南京新街口旗艦店的順利開業，標誌著蘇寧從空調專營到綜合電器連鎖經營的成功轉變，同時也標誌著蘇寧從真正意義上成為一家大公司。如果說從前它只是一家賣空調的專營店，現在它則成為了具有獨立而完整的經營模式的電器大亨。

2000 年 12 月，蘇寧開始實施 ERP 管理系統，也就是所謂的「E 連鎖」。ERP 管理系統的上線使蘇寧實現了物流、資金流、資訊流的大規模集成，建立起嚴密而高效的互動機制。在 ERP 管理系統之下，蘇寧建立起了銷售、物流和售後服務「三位一體」的網路，借助先進的管理模式和一流的經營模式，蘇寧常年雄踞中國電器市場。

2002 年，蘇寧的連鎖平台又進一步向中國重點市場推進，走向北京、天津、重慶、浙江、上海等地區，開始了中國連鎖發展的策略布局。從建立之初到二十一世紀伊始，蘇寧也從單一的空調專營店成長為綜合電器商，從南京一隅擴張到中國各地連鎖，這是一家企業的成長之路，也是一個商業帝國的崛起之路。2003 年，蘇寧電器南京山西路 3C 旗艦店開業，這是亞洲規模最大、品種最全的電器綜合購物廣場，它的開業標誌著蘇寧電器全面進入「3C」時代，也標誌著它的二次創業告一段落。

5.1.3 銷售規模難以更上一層樓

一個企業發展到一定的階段和規模，就會進入相對疲軟的時期，在這一階段，外部環境發生變化，企業內部會出現諸多問題，也就是人們通常所說的企業發展的瓶頸期，蘇寧也不例外。連鎖模式的瘋狂擴張，為蘇寧帶來了巨大的收益，打造連鎖巨頭的策略也取得了初步成功。但隨著企業的發展，行業格局的變化，一些弊端開始凸顯，此時的企業往往面臨著諸多挑戰，同時也意味著新的機遇。

蘇寧的問題首先體現在連鎖式模板的僵化問題上，實際上標準化經營模板在適應各地具體商業環境上已經出現問題，刻板的複製難以跟上環境的變化。其次是行業產業鏈競爭環境的變化，連鎖企業和製造商之間的矛盾日漸突出。最後，連鎖模式需要快速的擴張，但基於小範圍地域的資源共享的「鐵三角」模式，是難以長期支持連鎖擴張的。也許在短期內，這些問題不足以從根本上影響一個企業，降低利潤，但若長此以往，不加以變革，終將積重難返。一個企業能走多遠，取決於決策者的眼光有多遠。

除了以上問題，進入二十一世紀的中國企業，面臨著一個全新的時代——互聯網時代。應該說，商業嗅覺敏銳的蘇寧不可能沒有注意到這個變化，只是一切都還需要時間和機會。2009 年，蘇寧開始了電商的初次嘗試，蘇寧電器網路商城全新改版升級為蘇寧易購，2010 年正式上線。看似橫空出世的蘇寧電商，其實已經暗自計劃了五年之久。不過此時的蘇寧易購，並不能夠算是「互聯網＋」，只能說是＋互聯網，因此我們說這只是蘇寧電商之路的初次嘗試。

真正的轉折點在 2012 年，蘇寧在這一年的前三個季度，利潤

只有 29.5 億元，同比下降了 36.54%，無論是線上還是門市，都不容樂觀。與此同時，阿里巴巴、京東等互聯網企業更是成為蘇寧的強大競爭對手，改革勢在必行。2012 年 3 月，蘇寧 CEO 張近東提出蘇寧的目標是做中國的「沃爾瑪＋亞馬遜」，蘇寧正式開啟了 O2O 模式，2012 年也成為了它的 O2O 元年。不過作為發展了二十年的傳統企業，蘇寧的互聯網之路註定是艱辛的。

5.2 【問題】實體店轉彎很艱難

「互聯網＋」這個詞最早是由易觀國際 CEO 於揚在 2012 年第五屆移動互聯網博覽會上提出的。而真正讓這個概念火起來的是中國政府。2015 年 3 月 5 日，在中國政府的第十二屆全國人大第三次會議上，中國政府工作報告中首次提出「互聯網＋」計劃，這就將「互聯網＋」提高到了國家經濟策略的高度，一時間熱議「互聯網＋」。

面對互聯網浪潮，實體經濟必須做出回應。改變原有模式，加入電商大潮，謀求生存，成為很多實體店的共識。當然，轉型並非易事，從線下到線上必然經歷陣痛，甚至失敗，被時代經濟潮流淘汰。實體店的轉型的確要面臨諸多難題，消費者的轉移和重建，物流成本、基礎不足，運營模式的不同等等，都將是轉型過程中要解決的問題。

也許對個體經營者來說，只需依託淘寶這樣的第三方平台開的網店，需要面對的問題還不是那麼突出和困難。但對於一家企業，尤其是具有多年發展基礎和相當規模的實體型企業來說，轉

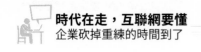
型路上困難重重。蘇寧雖是在進入二十一世紀十年後才真正走上 O2O 的道路，但它其實早已關注互聯網多年。也就是說，在蘇寧 O2O 正式上線之前，已經在互聯網「潛伏」多年，這種「潛伏」是一種等待，等待外部和內部環境的最佳機遇。對於蘇寧這樣的企業來說，說變就變顯然是不現實的。哪怕改革之路已經開啟，仍然有很多難題橫在眼前。傳統企業的互聯網轉型，既是一場保衛戰，也是一場內戰。

5.2.1 三方大戰現金成問題

四年前，在中國電器行業發生過一場空前激烈的「價格戰」，戰爭三方分別是京東、蘇寧和國美。這是一場互聯網企業對傳統企業的宣戰，京東的叫囂似乎也敲響了蘇寧的警鐘。在蘇寧的互聯網征程剛剛起步，尚未站穩腳跟的時候，京東的這一舉動著實讓蘇寧體會到改革之路的艱難險阻。內部機制的改革，外部競爭的激烈，將蘇寧置於一個內憂外患的境地。

2012 年 8 月 14 日，劉強東在微博上喊話說「京東大家電三年內零毛利」，又稱「從即日起，京東所有大家電保證比國美、蘇寧連鎖店便宜至少 10% 以上」。面對劉強東的強勢進攻，蘇寧回應稱「只有那些沒有底氣的企業才會在嘴上炒作低價，虧本賺吆喝先考慮自己能否活下去」。不過這只是口水戰，真正的戰爭是真刀真槍的，沒過多久，蘇寧就在微博上說「保持價格優勢是我們對消費者最基本的承諾」，並稱「從 8 月 15 日上午 9 點起，包括家電在內的所有產品價格必然低於京東」，但這麼做需要大量資金，而此時的蘇寧正處在轉型的關鍵期，也是陣痛期。

2012 年，無論是蘇寧還是國美，線下賣場的銷售額已呈現下降趨勢。2012 年上半年，蘇寧淨利潤 17.44 億元，同比下滑近 30%。國美下滑趨勢更為明顯，一季度淨利潤 6,739 萬元，同比下滑 87.79%，二季度則出現了虧損。在線下疲軟的情況下，線上也並不樂觀，蘇寧易購的銷售額雖在增長，但增速緩慢。京東選擇在這個時候進攻電器市場，可謂得天時地利。身為中國電器行業的兩座山頭，蘇寧和國美在應對這場戰爭的同時，必須思考企業的未來方向。

戰爭向來都是極消耗物力財力的，對於此時的蘇寧來說，資金的確成了一個問題。為了解決資金問題，蘇寧首次面向社會公眾發行 80 億元的債券，而在此前蘇寧剛剛完成 47 億元的定向增發。這 80 億加 47 億元的融資，蘇寧明確表示會重點投入電商的競爭。競爭是需要資本的，京東發動的這場「價格戰爭」讓蘇寧暴露出資金上的問題，資金確實是諸多問題中的首要問題，但卻不是唯一的問題，蘇寧要想在電商大戰中占據一席之地，還有很多事情要做。

5.2.2 地產模式消耗真不少

中國房地產經過十年的飛速發展，如今已到了疲軟期。儘管如此，它仍是商業大佬垂涎的一個領域，不僅因為巨大的利潤空間，更因為極具策略地位意義。我們耳熟能詳的一些大企業——萬達、恆大、萬科、綠地、保利等等，都是房地產公司或者是從房地產起家的公司。房地產確實是一個暴利的行業，但同時也是一個高消耗的行業，「先消耗，再盈利」是開發商的標準模式。

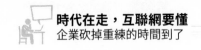
蘇寧在轉型路上也將房地產納入其「帝國」的版圖，成立蘇寧置業，大力發展商業地產。其實蘇寧一直以來都跟房地產有著撇不開的關係，甚至可以說，蘇寧地產是張氏家族產業的一個布局。張近東之所以進軍房地產，有一個重要原因，即他親哥哥張桂平的公司——蘇寧環球。有這麼好的資源不利用，豈不浪費？

如今蘇寧雲商的 CEO 張近東，在企業電商化的道路上已然越走越遠，越走越深，包括他的蘇寧置業，也被冠以「互聯網＋房地產」的評價。蘇寧置業專注於城市空間的智慧化開發和運營，聲稱「要做中國領先的智慧地產營運商」。利用自身的資源優勢，蘇寧在商業地產迅速崛起，截至 2015 年，蘇寧置業項目已遍布三十餘個省分，八十多個城市。

在迅速布局和發展的同時，其消耗也是巨大的，外界也一度懷疑蘇寧是否玩得起房地產。實際上，從 2007 年開始，蘇寧集團就開始加大蘇寧廣場和蘇寧電器廣場等商業物業的自建。蘇寧集團給蘇寧置業的任務是，到 2020 年建成五十個大型城市商業綜合體的蘇寧廣場和三百個蘇寧電器廣場。如此浩大的工程要消耗多少的資源？房地產沉澱資金的能力眾所周知，這對蘇寧的風險管控和資金運營，將提出更高的要求。在地產上的消耗是否會拖累蘇寧的轉型之戰，現在不可能有明確的答案。但不可否認的是，地產模式的消耗是巨大的，一旦出現問題，將嚴重影響整個集團的發展。

5.2.3 盲目觸網危害大

時代的潮流可以讓一些企業乘風破浪，順勢發展，也會讓一

些企業淹沒在歷史的洪流中。如今人人都說互聯網，這的確是未來社會的走向，但若不看清事實，對自己沒有清楚的認知，盲目觸網，失敗的機率將會遠遠超過成功的機率。一個優秀的企業家，必須具備卓越的策略眼光和靈敏的商業嗅覺，而不是盲目跟隨大流，生搬硬套一些模式。創業型的企業或許可以「任性」，但對於轉型中的企業來說，穩中求進才是更好的選擇。

傳統企業要想發展電子商務絕非易事，實現實體經濟與電子商務的有效結合也並非一朝一夕的事。如今所謂的互聯網公司多如河中泥沙，其中大多數都是朝生暮死。原因在哪裡？一家成功的互聯網公司需要具備哪些條件？互聯網企業需要的三個核心條件是：技術、資本和人才，而實體企業轉型互聯網型則需要管理機制和整個公司結構的重整。在不具備這些條件的情況下，頭腦發熱，盲目跟風，只有死路一條。

像蘇寧這樣的巨企，無論是它的根基還是它多年積累的資源，都足以顯示它的實力，不過哪怕強如蘇寧這樣的大公司，在面對互聯網變革的時候，也不敢貿然行事。蘇寧的底子畢竟是實體經濟，想要走上「互聯網＋」的道路，絕非一蹴而就的事。從蘇寧的發展歷程來看，它其實是一家具有變革精神的企業，從空調專營到綜合電器經營，從單一實體店到連鎖模式，蘇寧骨子裡流淌著變革的血液。但它也是冷靜的，不會盲目的上線，而是在摸索多年之後，選擇在一個合適的時間點爆發，而改革一旦開始，便不會停下腳步。

有人說蘇寧觸網遲了，恐怕難以趕上阿里巴巴、京東這些第一批吃螃蟹的企業，但事實卻並非如此。蘇寧觸網並不遲，從

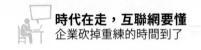

1999 年開始它一直在研究互聯網，只是作為實體企業，它深知盲目觸網的危險性，一旦失敗，一切將如泡沫般破滅。如今的事實證明，蘇寧是成功的，至少是走在互聯網改革的正軌上。近幾年它的線上經濟增速明顯加快，與阿里巴巴的合作更是它的野心之作，在與互聯網大佬抱團的同時，它也在悄悄醞釀著自己的商業帝國。

5.3 【措施】雲平台成就新未來

自 2010 年蘇寧易購正式上線以來，蘇寧便一直將資金傾向線上平台的推廣和行銷。蘇寧易購的上線標誌著蘇寧正式開啟了它的網路商業時代，不過這只是走向互聯網的第一步，它的目標遠遠不止於此。2013 年，蘇寧擬將公司更名為「蘇寧雲商集團股份有限公司」，提出「雲商模式」，認為中國的零售模式將是「店商＋電商＋零售服務商」。

「雲商模式」，即「全品類的拓展，經營超電器化，品牌去電器化，全管道拓展，O2O 融合」，這一模式的提出，表明蘇寧已不是簡單的將線下資源整合到線上，它要實現的是全面立體的O2O。對於蘇寧來說，它要不斷拓展線上業務，但絕不可能捨棄多年經營的線下資源，因此線上線下的整合與融合就成為它突破的重點。

在「雲商模式」提出之後，外界議論最多的就是它的所謂「線上線下同價」的舉措，不少人質疑它的可能性，也有人認為這無疑是在自殺。其實不然，「線上線下同價」既是蘇寧O2O 的深

化，是線上與線下的同步，也是它的另類「價格戰」。張近東的思路很清楚，線上要做，但線下不能輕易丟棄。在轉型初期，是線下逐步轉到線上的過程，並且讓電子商務部變成「特區」，給其權利、資本的支持，先讓它發展壯大。而它也沒有讓蘇寧失望，2012 年的蘇寧易購戰績顯赫，躋身當年行業前三，僅次於阿里巴巴和京東。對互聯網「新兵」來說，這是驕人的戰績。此時，張近東才完全放心，也下定決心全面接網，「蘇寧雲商」也就因此而誕生了。

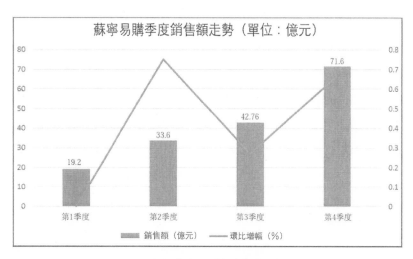

2012 年蘇寧易購銷售額走勢

從這一切舉措來看，可以說蘇寧正在進行著整個集團業務和線上業務的整合，而這樣的整合，必然促使企業內部的深化改革，從管理模式到經營模式都需要發生變化。對於蘇寧易購，集團經歷了放權和回收兩個步驟，一開始蘇寧易購是進、銷、存獨立，但慢慢的，它的進、銷、存都納入集團的整個商品體

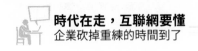

系之內。

蘇寧在電商化的路上可謂快馬加鞭，「雲商模式」提出後的兩年，2015 年年初，又發布了「一體、兩翼、三雲、四端」的發展策略。所謂「一體」就是堅持蘇寧的零售模式，這依然是它主打的業務；「兩翼」是線上線下兩大平台；「三雲」就是把「商品、資訊和資金」這三大核心資源市場化、社會化，建立起面向消費者、供應商和社會合作者的數據雲、金融雲及物流雲；「四端」是圍繞線上線下平台，打造電腦端、移動端、POS 端、電視端。

蘇寧在平台建設上可謂不遺餘力，線上有五種類型：電腦端終端、移動客戶端、智慧電視、移動 Pad 客戶端、自動端；線下則主要是實體店和蘇寧集團旗下的商業地產，有蘇寧超級店、蘇寧旗艦店、蘇寧廣場、蘇寧生活廣場。線上和線下同時用力，同時無論是線上還是線下，蘇寧也都在打造自己的品牌平台，打上蘇寧的標籤。

在產品層面，蘇寧一直致力於「去電器化」，進行全品類擴展，不僅包括電器、日用品、母嬰用品、化妝品、百貨、圖書等，還開發內容產品，如資訊、音樂、遊戲等等，其產品涵蓋生活服務、商旅服務、金融服務、數據服務、物流服務等各個領域。當初蘇寧從賣空調到賣電器，如今從電器擴展到全面的生活、商業領域，這是一個大企業的必然道路。

這一策略是蘇寧電商之路的立體展示，是它目前電商化過程中最大的一次變革。它堅持零售的本質不變，圍繞這個中心，建設雲平台，打造屬於自己的 O2O 模式。蘇寧的策略始終圍繞著「店商＋電商＋零售服務商」的宗旨，而究其核心，仍然是張近東

在 2012 年提出的「沃爾瑪＋亞馬遜」的變身之路，這也是蘇寧未來十年的發展方向。

「雲商模式」是蘇寧自己對「互聯網＋」的表達方式，蘇寧雲商這個名字至少在未來十年內都不會更改，雲平台是蘇寧的未來。蘇寧在研究互聯網和當下經濟的前提下，提出了一套適合自己的發展策略。它立足於企業的本質，在不改變公司「根本」的情況下，大刀闊斧的進行改革，其智慧和魄力可見一斑。大企業的改革一定是複雜的，蘇寧的變革道路還很長，但可以肯定的是，「雲模式」是蘇寧做出的正確抉擇，也是蘇寧的未來。

5.3.1 擴展平台：用收購鋪根基

2012 年 9 月 25 日，蘇寧宣布以六千六百萬美元的價格全資收購母嬰 B2C 平台紅孩子公司，承接「紅孩子」以及「繽購」兩個品牌和業務，這是蘇寧在電商領域的第一次收購。就在併購發生前半年，張近東提出蘇寧要全面進軍 O2O，這樣的速度和手筆可以看出蘇寧早已籌劃多時。那麼，紅孩子是一器具麼的公司？蘇寧為什麼會選擇收購它？

紅孩子最早是以直郵目錄的方式銷售母嬰產品，隨後推出紅孩子 B2C 網站，是中國最早在線銷售母嬰產品的電商公司。2011年它又推出「繽購」——以食品、化妝品為主的女性網購品牌，於是它的主營產品從母嬰擴展到了美容化妝、食品、保健養生等多個品類。隨後兩年，由於受到京東、噹噹等電商的衝擊，專注於母嬰市場的紅孩子出現由盛轉衰的跡象。

對非互聯網公司的蘇寧來説，它知道自己的欠缺，也知道自

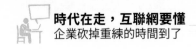
己在電商進程中已經落後於阿里巴巴和京東，下定決心的蘇寧一定會迅速布局和擴張，而迅速擴張的最好方式就是併購。蘇寧收購紅孩子主要出於三個方面的考慮：一是期望以此迅速提升自己在電商領域的競爭力，節約時間成本；二是拓展平台，豐富品類；三是用紅孩子的優勢彌補蘇寧易購的不足。

首先討論第一點。我們經常會聽到一個詞叫「互聯網速度」，互聯網經濟的一大特點就是「快」。而且對野心勃勃的蘇寧集團來說，它一定不會只是在電商市場小打小鬧，甘落人後。收購紅孩子是蘇寧實施其 O2O 發展策略的必然之舉，如果沒有紅孩子，它也會收購「綠孩子」「黃孩子」，總之它要讓自己迅速具備與其他電商大佬競爭的實力。

其次，蘇寧的「去電器化」勢在必行。直至 2012 年，電器依然占據蘇寧收入的 90%，偏重家電市場讓想要全面拓展業務的蘇寧束手束腳。但蘇寧不可能「壯士斷腕」，直接砍掉家電市場這只大手臂，而是想辦法將其他領域的產品發展起來。併購紅孩子和繽購兩大品牌，就是蘇寧拓展母嬰市場和女性市場的策略。並且紅孩子是電商公司，收購它既能豐富產品，又能拓展平台。

紅孩子一直專注於母嬰市場，在化妝品、母嬰用品、食品等領域的經營上具有專業性，具備較強的運營能力和供應鏈，併購之後，蘇寧很快就能彌補自己在這片市場的空白。紅孩子納入蘇寧之後，其品牌效應沒有消失，其客戶群體尤其是忠實的客戶群體仍然是穩定的消費源，而且它的消費者主要是女性，這一點又豐富了蘇寧的客戶構成。蘇寧在非電器領域的運營經驗是不足的，現在則可以直接利用紅孩子的資源、管道和模式，這又直接

完善和增強了蘇寧的實力。

　　蘇寧收購紅孩子只是它構建其互聯網商業的版圖的第一步，也是它收購策略的開始。隨後，蘇寧又相繼收購了好耶、滿座網和 PPTV，分別強化了蘇寧在廣告及精準行銷、電影 O2O 和線下餐飲、網路視頻媒體等領域的實力。去年收購中超舜天足球俱樂部，成立蘇寧足球俱樂部，進軍體育界。今年更是大手筆收購意甲國際米蘭俱樂部，成為經濟和體育界熱議的話題。

　　在商業戰場上，本就是弱肉強食，在蘇寧收購紅孩子之前，紅孩子本身已經出現內憂外患的局面，而蘇寧此時正好需要這樣的電商企業來增強實力，於是紅孩子就成了蘇寧電商化道路上的第一塊墊腳石。收購策略是蘇寧打造全面商業帝國的一個重要手段，它的商業拼圖正在漸漸完整。不斷的收購也反映了蘇寧渴望迅速在電商領域崛起的決心，同時也展示了它建立蘇寧商業帝國的野心。

5.3.2 建立品牌：力挺自主研發

　　一個企業的活力和生命力在於其自我更新以及成長的意願和能力，一個企業自我品牌的建立也取決於該企業的創新能力。互聯網的發展完全依賴資訊技術的更新，對互聯網企業來說，IT 技術也就成為了至關重要的因素。一個企業沒有技術，就相當於缺失了持續發展的能源。尤其對一家大型企業或集團公司來說，擁有自主研發的能力是十分關鍵的。

　　在互聯網世界，想要「爆發」的企業實在太多，但大多數最後都消失在經濟洪流中，甚至沒留下一點印記。而個別成功崛起

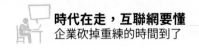

的，若沒有依靠核心技術進行自主開發，最後也不免陷入發展困境直至消亡。「科學技術是第一生產力」，這是永恆不變的道理。立足長遠的企業，必須擁有可靠的技術，必須致力於自主研發，否則終將停滯不前甚至被淘汰。

小米手機就是一個典型的例子。依靠粉絲和複製蘋果公司模式崛起的小米公司在火了幾年後，熱度迅速下降，陷入低谷。究其原因，是因為小米沒有自己的核心技術。只能說小米是粉絲經濟的產物，而不是手機技術發展的成果。反觀越做越好的華為，不僅在中國市場，甚至在歐洲市場都占據了相當的份額。要知道華為近十年對技術的資金投入總額可是達到了 1,880 億元人民幣，2014 年華為研發投入約四百億元，其研發投入甚至比蘋果公司還多十幾億美元。截至 2014 年華為擁有專利兩萬兩千項，而小米呢，申請專利 1,546 項，專利授權僅 12 項。缺乏自主研發能力的小米手機，自然陷入了困境。

「小米困局」並不是偶然，技術短板所引起的企業困境足以讓所有互聯網企業引以為戒。蘇寧既然選擇走上綜合電商這條路，就必須面對這個問題，也必然要重視這個問題。蘇寧是一個品牌，而這個品牌是它多年經營的結果，如今步入互聯網的蘇寧需要打破家電這個品牌的束縛，重建蘇寧電商品牌，而這個品牌的建立不是靠別的，就是靠技術。

蘇寧在技術和人才上的投入不可謂不多，它也有自己成體系的自主研發策略，蘇寧深知電商的發展就是技術的發展。蘇寧在技術上的覺醒幾乎與其電商化的起步同時發生，從 2011 年開始，蘇寧便在中國乃至美國矽谷建立起自己的研究院，廣納資訊技術

人才，進行 O2O 模式、雲端運算、智慧搜索、大數據精準行銷等研究。

為了使公司可以擁有源源不斷的人才，蘇寧投入大量資金，以高薪吸引優秀人才，將優秀人才送往國外深造，甚至自辦了企業大學——蘇寧大學，這些舉措，都說明了蘇寧對人才和技術的重視。對技術的重視也帶來了相應的回報，很多自主研發的系統為蘇寧帶來的是時間成本和資金成本的節約。作為互聯網公司的核心支撐點，技術對企業的發展有著決定性的作用。

蘇寧知道自己電商起步晚，所以進行了全面的重整，尤其在技術層面，更是將其作為重中之重。京東曾經還在微博上嘲笑過蘇寧易購的系統，技術層面的落後是事實，因為蘇寧本就不是靠互聯網技術起家的。但好在它底子好、實力足，並且能夠迅速看清現實，知恥後勇，透過大力發展自主研發能力，很快實現了技術上的突破，站穩了腳跟。

從 2013 年以來，蘇寧不斷的在技術上更新和升級，而技術的升級不僅提高了企業運轉的效率，甚至啟動了整個公司的機制。比如用自主研發的 LES 系統和倉儲管理系統取代原來的 SAP 系統，從財務、訂單、倉儲、運輸等方面極大提升了運營效率，同時優化了用戶體驗。再比如蘇寧在物流上的自主研發，使其物流系統能夠實現客戶選購商品和配送地址智慧匹配，大大提高配送效率。

蘇寧快遞卡通形象——火箭哥

　　從蘇寧易購正式上線，到「沃爾瑪＋亞馬遜」目標的提出，再到「雲商模式」的建設，蘇寧這幾年的 O2O 成績是有目共睹的，蘇寧每一次的決策都體現了它卓越的策略眼光。轉型的最初幾年經歷了打擊、質疑，但在短短的六年時間裡，蘇寧證明了自己。蘇寧的轉型為什麼成功？因為學習和創新。蘇寧很善於向競爭對手學習，無論是線下同行沃爾瑪，還是線上對手京東，學習他們好的模式。同時透過自主創新，開發自己的系統和模式，在激烈殘酷的電商競爭中穩住陣腳，甚至成為電商巨擘。

5.3.3 專業團隊：電商部門獨立

　　任何一個企業的發展都是從一個團隊開始的，團隊的專業化

程度、凝聚力、進取度基本上決定了創業的成功與否。在一個成熟的企業，或者一個大企業當中，有大大小小各種團隊，管理團隊、運營團隊、技術團隊、銷售團隊、服務團隊等等，這些團隊必須協調運作，無論哪一個環節出了問題，都將影響公司的整體運行。

蘇寧發展到今天，已經是一個具有複雜組織結構的大型集團企業，處在轉型期的蘇寧，應如何來調整各個組織部門？這是公司內部面臨的一個問題。而對於想要進軍互聯網的蘇寧來説，擺在眼前的還有一個更重要的問題，就是在原有部門之外，要增加一個部門——電商部門，這也是蘇寧轉型過程中的主要戰場，重中之重，因此蘇寧必須傾力打造自己的電商團隊。如何迅速組建高效、專業的電商團隊，是蘇寧的高層需要解決的迫切的問題。

面對這個問題，蘇寧管理層做出的決策是，讓電商系統獨立運營。這是一個頗具魄力的決定，既是蘇寧謀求改革發展的需要，也是應對外部經濟競爭環境的一個舉措。電商部門的獨立，意味著權利的下放，即給予電商系統足夠的權利和空間，以便其可以快速的發展起來。的確，獨立運營無疑可以提高部門的運作效率，避免諸多部門的拉扯。

蘇寧易購從上線之日起，其運營機制就以獨立的採、銷、存為特點，形成適應互聯網的獨立運營體系，與此同時還與線下共享物流服務，蘇寧給了電商足夠大的支持，就是希望電商可以迅速發展起來。電商部門的獨立是蘇寧在互聯網轉型初期的一個嘗試，彼時的蘇寧並未實現 O2O 的深化改革，獨立發展線上業務是一個明智之舉。

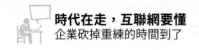

轉型初期，蘇寧線上業務的獨立運營都有哪些好處呢？首先，便於電商道路的探索。在深化 O2O 之前，蘇寧首先要解決好線上的問題，因為線上業務對它來說幾乎是空白的。其次，便於打造專業的電商人才隊伍。一個企業的發展絕對離不開優秀的人才隊伍，蘇寧對人才也是十分重視的，吸納和培養一批電商人才，有助於蘇寧長遠的發展。最後，提高效率，快速發展。蘇寧的目標是做線上線下業務的融合，線下是蘇寧的傳統強勢業務，薄弱的線上業務必須迅速發展起來。

一個企業的改革必然伴隨著組織架構的調整，而一切的調整當然都是為了推動公司改革的順利進行，變革才能帶來希望。從線下到線上，從實體經濟到「互聯網＋」，可以說這是質的改變。蘇寧的轉身已經相當快速和成功，成功的背後是雄厚實力和與時俱進精神的體現。蘇寧大力發展電商，是適應時代的識時務之舉。也正是因為蘇寧易購前期獨立運營積累的經驗和經營的成果，為之後的「雲商」鋪平了道路。

5.3.4 移動應用：擴大行銷管道

有人說，現在不僅是互聯網時代，更是移動互聯網時代。的確，互聯網在發展過程中，電腦端已經日趨飽和，而移動技術的發展以及移動互聯網方便快捷的優勢使其呈現井噴式發展。尤其是智慧手機的出現，使大量互聯網用戶從電腦端轉移到了移動端。截至 2016 年 3 月分，中國移動互聯網用戶達到了 9.8 億戶，這是一個龐大的數字。

大量的用戶帶來了巨大的潛在市場，開發移動端市場成為互

聯網市場的共識，很多企業紛紛推出移動應用客戶端，移動互聯網已然成為新的戰場。蘇寧在自己的行銷管道上，早就提出了打造「四端」的策略目標，即電腦端、移動端、POS 端和電視端，如今移動端的重要性越來越明顯，蘇寧在這一「端」上也投入越來越多的資源。

在傳統電商的發展趨勢稍減，步伐放緩的同時，移動電商即刻成為了新的消費者的寵兒，因此移動購物市場順理成章的成為了電商巨頭們的新的戰場。蘇寧易購移動客戶端自上線以來，以消費者需求為導向，持續更新，不斷上線新的功能，這也顯示了蘇寧敏銳的商業嗅覺和開拓移動購物市場的決心。而自其移動端上線以來，關注度持續攀升，用戶量持續增加，取得的成績非常顯著。

截至 2013 年，蘇寧易購移動客戶端的用戶數量在不斷增加，累計啟動量超過一千萬。在百度應用、豌豆莢等應用市場，其評分處於移動購物應用的前列。在當年的「818」店慶那天，蘇寧易購移動端的訂單量同比增長超過 875%，創下新高。數字增長的背後，是移動電商的強勢興起，也是蘇寧不斷根據市場用戶需求做出新的調整的成果。

一款移動應用是否具有持續的生命力，取決於其是否具有以用戶為中心的持續更新的能力。服務於電商市場的移動購物應用，更要求自身能夠抓住消費者的痛點，把握他們的心理需求。如今的互聯網購物早已不僅僅是單純的購物，而是玩著、逛著、把東西買了。所以越來越多的電商推出各種功能，以此來吸引和滿足消費者的心理痛點。

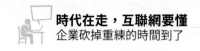

　　近幾年的電商有一個很明顯的趨勢，就是電商的社群化，人們不再僅僅滿足簡單的錢物交換，而是渴望在購物中滿足社群需求。很多電商也抓住了消費者的這一心理需求，推出相應的社群功能。比如蘑菇街和美麗說的社區功能，支付寶開通生活圈等等。2015 年，蘇寧就在推出圈圈社群版塊的基礎上，同時上線了叨叨和嗨購兩大社區。

　　叨叨版塊透過各種話題匯聚年輕人進行互動，是一款類似於貼吧的產品，是「基於興趣的陌生弱關係社群」。其討論的話題包括熱點、讀書、攝影等各個領域，在叨叨不僅可以發文字，還可以發語音、看影評、聽音樂，功能豐富。嗨購則有點像海淘，商家可以在社區創建有趣的話題，吸引客戶的關注和互動，客戶也可以成為某商家的粉絲。

電商社群化

　　蘇寧在移動端的這些舉措，大大開拓了它在移動購物的市場。一次次的變化也顯示出蘇寧在電商化道路上「一去不復返」

的決心。在擴大行銷管道和開拓更多市場的同時，蘇寧也在積累著它的忠實客戶，這些客戶由以前的忠實客戶轉化而來，其中有一部分是電商變革過程中積累的新客戶。蘇寧不斷適應著互聯網電商的快速變化，以變應變，在電商化進程中逐步的深入。

5.3.5 支付保障：第三方來保護

隨著電子商務的發展，網上支付因其方便快捷的優點而得到快速發展。以 2003 年 10 月支付寶的問世為起點，開啟了人們網上支付的新篇章。支付寶透過資金三方託管，有效解決了網購的信任問題，它也因此得到快速發展，很快成為中國最大的第三方支付服務，並於 2004 年脫離淘寶，成為獨立的第三方支付平台。

在支付寶之後，其他互聯網巨頭看到網上支付的巨大市場，也紛紛推出自己的支付服務。騰訊在 2005 年推出財付通，京東收購網銀在線以彌補在線支付的欠缺。2013 年騰訊旗下的微信開通支付功能，再次引燃網路支付的市場火焰。尤其是微信紅包的設計，成為最大的亮點，使微信支付一夜之間火遍中國，向一家獨大的支付寶發起了挑戰。

對於電商巨頭來說，擁有自主的網上支付平台已然成為一個重要的策略手段。蘇寧的第三方支付平台——易付寶，誕生於 2011 年，那時蘇寧的電商化才剛剛起步，網路商城蘇寧易購正式上線也才一年時間而已。但蘇寧已經迅速登陸了網上支付這個戰場，並且很快站穩了陣腳。易付寶在 2012 年 6 月取得了中國人民銀行頒發的第三方支付業務許可證，正式加入網上支付的行列，真正擁有了自主的網上支付平台。

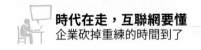

　　易付寶成功獲批第三方支付牌照之後，蘇寧成為了中國首家擁有自主支付牌照的 B2C 企業，而是否擁有自己的支付平台，已成為 B2C 企業發展的制約瓶頸。作為蘇寧雲商旗下獨立的第三方支付公司，易付寶的責任不僅是簡單的提供網上支付這麼簡單，它還將集支付工具、蘇寧會員卡、蘇寧聯名信用卡於一體，形成具有蘇寧特色的支付雲，為消費者提供一站式的消費體驗。

　　易付寶的成功上位對蘇寧來說具有多方面的意義。首先，它將提升消費者網購的體驗，尤其是支付體驗，客戶將更加放心，對網路商城的信任度增加，大大提高蘇寧易購的品牌影響力。其次，它將帶來更加龐大的資金流，使其成為蘇寧的一個新的經濟增長點。同時，易付寶還可以向其他電商平台開放，成為一個新的盈利管道。最後，易付寶的註冊會員將為蘇寧電商提供巨大的會員資訊庫，對於研究消費者的網路消費行為，從而進行精準行銷提供了條件。

　　易付寶的上線完成了蘇寧在支付領域的布局，它將使蘇寧的支付體系更加完善，對蘇寧的未來發展具有重要的策略意義。當初張近東提出「沃爾瑪＋亞馬遜」的目標，如今從電商平台到自建物流體系，再到自己的網上支付平台，蘇寧一直在向這個目標前進，並且是一路高歌猛進。早在 2012 年，一些樂觀的業內人士就曾預測蘇寧說「中國版的亞馬遜已具雛形」。

5.3.6 選好路線：主打合適人群

　　對任何一個企業來說，做好市場定位都是十分重要的。根據公司的產品，鎖定目標客戶群，才能夠有的放矢，不會在混亂

複雜的市場中迷失方向。蘇寧最早經營的是空調，後來擴展到整個 3C 電器市場，那時候蘇寧的目標客戶，主要是需要家電和電子產品的普通居民。但隨著蘇寧電商化的起步，經營業務範圍的擴大，目標客戶群顯然發生了變化，必須重新定位。而且，互聯網電商聲稱「以用戶為中心」，在注重「粉絲」和用戶體驗的電子商務中，抓住合適人群，以用戶為中心尋求發展，是一條重要的準則。

隨著蘇寧電商的不斷發展，所經營產品的不斷豐富，蘇寧的客戶群體也在不斷變化和豐富。為了發展母嬰產品，蘇寧收購「紅孩子」，併購擴展了新的客戶群體，即需要母嬰產品的消費者。與此同時，蘇寧也收購了「紅孩子」旗下的「繽購網」，這是針對廣大女性網友創建的網路商城，主要經營化妝品、食品和家居等品類。對於這兩個收購，蘇寧的定位很明確，就是吸引女性群體，提高蘇寧易購在女性消費者中的關注度。

蘇寧的方向是做綜合零售電商，它的線上產品將涉及各個品類。蘇寧易購上線以後，主要是對百貨、日用品兩大類進行招商，涵蓋了手機數位、服裝鞋帽、家居家裝、運動戶外、汽車用品、圖書、生活日用品、玩具樂器、食品酒水等眾多品類。並且，它仍然在大規模的擴張品類，很多垂直電商對蘇寧都很感興趣。樂蜂、優購、凡客與蘇寧都有過接觸，極有可能入駐蘇寧。屆時，蘇寧易購將被打造成一個完整立體的、不亞於淘寶的 B2C 網路商城。

如果僅從產品角度來看，蘇寧可謂涵蓋了各職業、各年齡層的客戶群體，但是蘇寧易購作為電商，其網路性也是其重要的

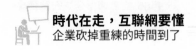

屬性，因此其消費者群體應是以網友為主，是在網友這個大群體下的各個行業的消費者。蘇寧在不斷擴大管道和消費者群體的同時，也對消費者進行了精準定位和行銷，並且透過社區等形式吸引客戶成為忠實的粉絲，為企業帶來穩定的客戶群。

第06章
線上型企業物流升級

一般而言，線上企業主要是以電子商務為主。而在線上企業中，一個完整的商務活動，必然會涉及資訊流、商流、資金流和物流等四個流動過程。在一定意義上，物流是電子商務最重要的組成部分，是資訊流和資金流的基礎和載體。

同時，隨著電子商務的不斷擴大發展，對物流的需求越來越高，而線上企業中，作為實體流動的物流活動發展相對滯後，而從也就會成為線上企業發展的一個瓶頸。所以說物流行業的發展直接影響著電子商務，其發展壯大對電子商務的快速發展造成了支撐作用。

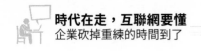

6.1 【案例】阿里巴巴發展現實

阿里巴巴是世界第二的網路公司，同時也是中國最大的 C2C 電商平台，阿里巴巴在近年的崛起是所有人有目共睹的。淘寶網的飛速發展固然與其免費的經營策略吸引巨大的人氣與商流有關，但其對物流的重視也成為其大發展的一個「法寶」。在中國的電子商務網站中，淘寶在物流方面是做得非常深入的，但是儘管如此，目前的物流狀況仍然是難以滿足阿里巴巴的需求。

從阿里巴巴的數據統計中可以看到，最近幾年「雙十一」的包裹量都是翻倍增長，2013 年 1.56 億單包裹量讓菜鳥經歷了「爆倉」的痛苦，用戶投訴不斷。到了 2014 年「雙十一」，菜鳥也是用了十天才全部派完 2.78 億單。雖然情況相較於上年已經大為好轉，但是可以明顯看到的是，在頻繁的電商活動中，阿里巴巴的物流依然承受著很大的壓力。

而馬雲自己也説過：「三～五年內淘寶交易額可能會達到一萬億元人民幣的水平，但是看不到交易額能達到四萬億～五萬億的水平，原因就是物流。」

6.1.1 購物網帶給物流春天

2015 年是中國經濟增速明顯放緩的一年，但是據有關數據顯示，中國電子商務交易額為 20.8 億元，而快遞行業則依舊維持了 30% 以上的高增速。2014 年，中國快遞行業業務量約 140 億件，超越美國成為世界第一。而 2015 年全年業務量達 205 億件，繼續維持了 40% 以上的高增速。

從 2015 年起，中國網路購物走過了一個「從無到有，從有到強」的過程。雖然中國最早以「淘寶」為首的電商在 2003 年左右就出現了，並且在 2006 年，淘寶也成為了亞洲最大的購物網站，但是當時淘寶一年的銷售額實際上也只有 400 億元上下，因此對快遞行業的拉動也並不明顯。

但是到 2009 年時，淘寶網全年交易額突破了兩千億元。在 2010 年前後，快遞業務量也開始了急劇上升。

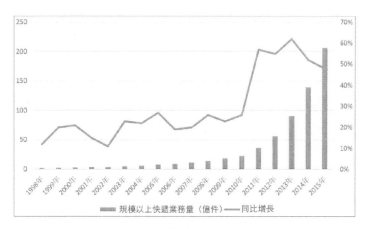

中國快遞量發展情況

而現在網路購物單季度的銷售額都已超過一萬億元，六年間增長 15 倍以上。受大規模的網路購物推動，快遞行業業務量增速從 2010 年之前的在 30% 左右躍升至此後的 50% 左右，並維持至今。

根據 2014 年的統計數據，天貓與淘寶產生的包裹占中國快遞市場份額高達 60% 以上。2014 年淘寶天貓的銷售總額為 2.27 億元，占到了中國網路購物總額的 81%。按照這一比例進行保守計

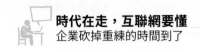

算，中國快遞包裹中，70% 以上由網路購物產生。

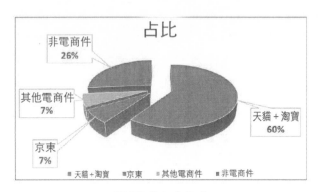

快遞行業包裹組成

作為第一大電商的「淘寶」在整個物流行業占據了「半壁江山」，對整個物流行業的發展造成了不可替代的作用。在以前，以實體消費為主的時候，物流承擔的只是遠距離、大物件商品的一種郵寄功能。而到今天，物流則主要是作為溝通線上和線下的一個中間管道。我們也可以說，正是淘寶的成功，帶來了物流行業的春天。

其實現在說到快遞，想到的就會是電子商務。在電子商務的線上交易模式中，作為實體的物流一直是溝通用戶和商家的唯一管道，因而在整個商業模式中，物流實際上是作為電商和客戶的橋梁。只有把這座橋建好了，才能使線上企業獲得更好的發展。

6.1.2 跨境電商劍指海外購

正是因為互聯網溝通一切的能力，而這幾年高收益的電商行業又呈現爆炸式增長，跨境電商的興起也就不足為奇了。隨著互聯網深入人們的生活，人們對商品的需求也不是僅僅停留在中國

供貨商上了，更多的國際商品，成為了消費者的青睞對象。

　　跨境電商就是不同關境的交易主體，透過電子商務平台達成交易，進行支付結算，並透過跨境物流送達商品、完成交易的一種國際商業活動。其流程如下圖所示。

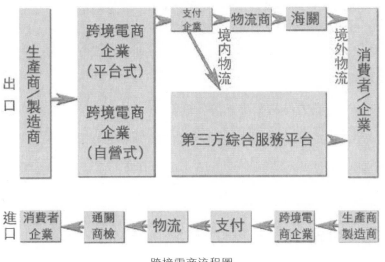

跨境電商流程圖

　　據有關數據顯示，去年的跨境電商進出口交易額達到了三點一萬億元，同比增長 31.1%。2016 年，中國跨境電商進出口額更是增長至 6.5 萬億元，年增速接近 30%。2015 年，許多網站在美國「黑色星期五」前紛紛開通海外購服務，讓「剁手族」趨之若狂。其實近年來，中國一種新的消費模式——海外購正在慢慢崛起。

　　海外購，顧名思義就是透過海外代購的電商平台，在上面購買國外的東西。海外購相對零散隨機的個人代購、朋友圈代購來

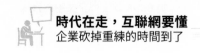

說，顯然有大平台優勢，不管從集中採購的價格優勢、貨品品質安全掌控，還是海關合作、通關和送貨效率上的體驗都更上幾個層次。中國各大電商也紛紛將目光投向了海外購，如阿里巴巴就創立了天貓國際，為海外購帶來便利。

在傳統電商增長逐漸放緩的情況下，海外購卻一直在持續增長，成了經濟風口。其實這是互聯網界限的不斷擴大，人們生活水平不斷提高的必然現象。而海外購自身的優勢，也從一開始就為其發展創造了優良的基礎。

1‧更低的價格、更新的款式

目前中國名品專櫃都存在一個問題：最新款式無法同步。導致店鋪在售產品多為舊款，而且為了抵消租金、人員等成本，售價也居高不下。

對比之下，海外購直接從中國境外進貨，保證款式更新，品質更佳。因為是互聯網運營，節省實體經營成本，價格將會比中國實體店更低。

2‧物流更快、售後更有保障

傳統海淘分為朋友代購、境外網站購物。

朋友代購雖然保證海外商品的來源，但是劣勢突出。第一，不靈活，朋友只能在出境的時候才能幫忙代購，第二也是最重要一點是欠人情。相反，海外購能隨時隨地自助購物，優勢明顯。

境外網站購物，面臨的問題是物流速度慢以及售後困難。境外直郵通常需要 15 天以上，如果被海關扣下則是漫長的等待。如果商品出現問題，只能找對應品牌商的售後點處理，但是售後點

較少，而且一般只設在一線城市。而一般中國海外購在中國設有倉庫，物流上相比境外網站更快，商品出現問題也能及時在線聯繫售後處理。

境外購物網站

3‧選擇更多、體驗更好

外國購物每次只能選擇一個國家，海外購平台包含了瑞士、法國、德國等地的產品，讓用戶足不出戶就能選購，而且是中文網站，以人民幣結算，用戶體驗更好。

在經歷了 2015 年奢侈品消費的「外熱內冷」後，中國奢侈品消費出現回流的信號。形成境外消費的一個主要原因是價格差：一是高稅率；二是中國流通成本過高、環節過多；三是國外品牌商對華的定價政策。隨著電子商務發展成熟，海外購消費方式越車加熱門，已經從單一個體化的「散打」模式走向漸趨明晰的產業鏈模式。海外購的紅火程度已經引起社會的廣泛關注，可謂前景無限。

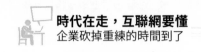
6.1.3 批發市場的現實束縛

對淘寶網上很多的 B2C 電子商務企業而言，物流是一個非常棘手的問題。尤其是在一切活動期間，各大電子商務正在做促銷，短期之內大量交易產生的訂單使得物流公司應接不暇。各快遞公司紛紛出現「爆倉」的情況。

2010 年，阿里巴巴與德邦物流及佳吉快運成為了 B2B 業務的第三方物流夥伴。但是，由於阿里巴巴是不直接提供物流服務的，所以對阿里巴巴批發市場上的 B2B 商家們來說，物流方面的問題比 B2C 商家們更加顯著。

阿里巴巴批發市場上的 B2B 賣家們只能自己選擇物流公司，對下遊的物流端供應商而言，其配備的人力、物力根本就不能滿足諸多電商企業爆發式增長業務和高水平服務之間的需求。

對服裝、書籍、食品這類的商品而言，最主要的問題還只是物流上的費用。而更嚴重的，則是對於一些生鮮電商批發商家來說，冷鏈物流配送上不方便。

在通暢的物流配送和分發體系上面，現在眾多大型生鮮電商企業，一直在唱響一個論調，那就是要建立適當的配送體系並利用好體系的冷藏設備和冷凍庫，對產品進行預冷和冷凍包裝，以及物流過程中的冷藏車冷藏箱等一系列配置，如果忽略了這些就是影響用戶體驗的自傷行為。但是這些配置對中小生鮮批發電商來說，卻並不是那麼簡單的。阿里巴巴沒有給他們提供專門的物流配送管道，而自己建立冷藏配送體系和設備，投資是非常大的。

一方面，小型批發商現在經營的品類相對較窄，產品相對較少，如果都建立合適的配送體系和自己完全能夠說了算的物流配送，這本身就是不太實際也不太明智的。

對於中小賣家來說，最大的好處還是在物流配送體系進行接入，利用好現有的物流體系和冷藏系統，嫁接大型的網路電商平台進行產品銷售，或者是同網路電商建立廣泛的合作，建立自己的分發體系和流通管道，這是一種相對經濟而且更適合中小買家的物流方法。因此，阿里巴巴怎樣為這些中小型批發電商提供更多的物流上的優惠，也是一個非常重要的問題。

6.2 【問題】買賣門檻阻礙進步

相對於實體商品而言，線上商品的優勢就在於它省去了一系列門市費用、物流費用、服務費用等中間費用，從而具有價格上的優勢。但是同時，快遞的物流方式也對電商形成了一個難題。

第一，無論是電商還是實體商家，「羊毛都是出自羊身上」。實體店的物流運輸或是電商的快遞，最終都是由消費者來承擔的。雖然相較於實體店，其物流上的費用要小很多，但仍然是在一定程度上提升了商品價格。第二，快遞也正是顧客透過電商購物體驗上的短板。在實體店，顧客們能直接挑選，直接拿到貨物，而快遞則需要一定的時間，延長了顧客的等待時間。所以快遞實際上也是電商買賣的一道門檻。

網購的物流難題

6.2.1 運輸成本抬高成交價

過去的物流是從廠家到零售體系，然後消費者自行承擔商品從商店到家的物流成本。但在電商條件下，商品從廠家到網上的集散中心是一個物流環節，再到消費者手中還需要一個物流環節。因此，隨著電商規模的擴大，電商受制於物流成本的程度較高。

運輸是透過運輸手段使物品在物流節點之間流動。現代生產和消費是靠運輸業的發展來實現的，高效、廉價的運輸系統能促使市場競爭加劇，帶來生產中更多的規模經濟效益以及產品價格的下降。沒有哪個企業可以在經營中不涉及原材料或產品的移動。一旦運輸發生問題，物流管道中產品堆積，逐漸變質或過期，許多企業就會發生財務困難，因此運輸的重要性就更加突出。

物流中的運輸包括長距離運輸和配送。長距離運輸也稱「幹線運輸」，主要是商品從工廠倉庫到主要物流中心的大規模運

輸，可以利用大型貨車、鐵路或水路來運輸，既可以自己運輸，也可以委託給專業運輸業者。從物流中心到零售店的運輸稱為配送，隨著電子商務的發展，配送業務迅速發展，配送費用占產品價格的比例將越來越大，有的產品的配送費用高達產品價格的50% 以上，能否降低配送費用是制約電子商務發展的一個重要影響因素。

運輸成本在物流總成本中所占比重非常大。在國際上一般把物流成本分為運輸成本、保管成本和管理成本三部分。運輸成本一般占物流總成本的50% 或以上，由此可以看出，降低運輸總成本對降低社會物流總成本有非常重要的意義。

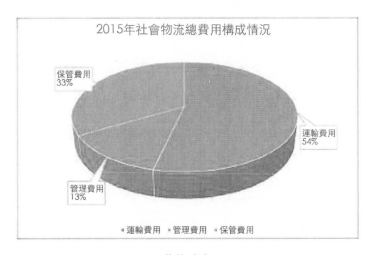

物流成本

除了油價上漲帶來長途運輸費用的上漲，短途上的運輸成本及配送費，也是物流運輸成本上漲的一個很重要的原因。

2015 年，中通快遞、申通快遞、圓通快遞、韻達快遞、百

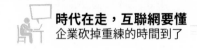

世匯通、天天快遞等六大快遞企業不約而同宣布提高快遞員派送費。快遞員派送費提高到兩元／單，較之前上漲 10% ～ 30%。其實早在 2011 年，配送費的上漲就已經開始了。近年來，在物流行業方面，硬體成本的上升，往往使運輸效率也有所改善，抵消了成本上升的問題。但是由於人工成本的上升，快遞的運輸成本才一直都處於上漲狀態。

配送費上漲

而在庫底漲價的同時，中國電商不得不抬高商品的價格，免運費的門檻也變得越來越高。京東憑藉自建物流體系，在物流配送效率和服務品質上獲得用戶普遍認可，成為與其他電商平台競爭的殺手鐧，在物流方面重金投入的京東曾長期保持 39 元的免運費低門檻，近期才逐步升至 59、79 元。全面開放社會化物流的蘇寧雲商，在表示對物流價值認可的同時，提出將物流系統「從以往的成本中心轉變為利潤中心」。亞馬遜終於無法忍受巨大的物流

成本壓力，兩年內三次上調免費快遞的最低消費門檻，完全免運費、滿 29 元、滿 49 元……

而淘寶網上的各大商家，也同樣提高了配送費的門檻。「滿××免運費」的口號取代了以往鋪天蓋地的「免運費」的宣傳方式。從行業內部看，雖然很多商家仍然用著「免運費」的招牌，但實際上產品卻已經提價了，為了滿足消費者的心理同時又要應對來自物流快遞行業的挑戰，商家們不得不也作出相應的調價措施。

6.2.2 速度成國際貿易缺陷

對於市場指向國際的跨境電商來説，物流一直是難以解決的問題。距離上的鴻溝一直是跨境電商無法解決的物流之痛。

隨著跨境電商和海淘的興起，越來越多的跨境貿易物流也逐漸形成，海淘導購網站和轉運公司都如同雨後春筍般紛紛露頭。導購網站幫你聚集海外電商平台的折扣資訊，推播商品，指導你如何下單。如果覺得的 UPS 和 DHL 直郵遞送太貴，或是某些商品乾脆不支持直郵，那還有當地華人轉運公司可以幫你在當地收貨再發往中國，價格可低至 5 美元 / 磅以下。

但是即便價格上能夠為大多數人接受，海外貿易依然不是一個讓大多數人覺得愉快的購物體驗。其根本原因就是轉運環節的不可靠，收到商品的時間太過漫長。

以美國為例，跨境購物轉運的過程通常是，你需要聯繫好一家美國當地的華人轉運公司，在網上下單時填寫轉運公司的倉庫地址，這要求電商網站先發貨到轉運公司的倉庫，透過轉運公司

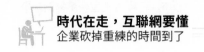
將商品運至中國通關，之後再由轉運公司對接的中國快遞公司負責將商品配送至家中，大多數的海淘客也都選擇這種方式。

其實快遞慢有以下幾點原因。

1 · 多環節沒有打通

在這樣的方式中，電子商務網站和轉運公司的資訊流沒有打通，導致商品的物流狀態無法跟蹤。網站將商品發到轉運貨倉，轉運公司無權或無暇檢查商品是否破損，依樣轉運中國。同時有些消費者為了避稅沒有如實填報包裹資訊，轉運回中國卻被海關查驗扣留。轉運全程中，轉運公司並不能掌握對於包裹的準確資訊，而從電商發貨到轉運公司再經中國配送，最終到達消費者手中，一共四個環節，整個遞送過程的環節太多，很容易造成快遞丟失的情況。即使不丟失，快遞的到達緩慢也會讓消費者陷入遙遙無期的漫長等待中。比如下面這個案例。

2015 年 9 月初李女士在某電商平台上買了一雙跑鞋，足足等了一個半月才收到，導致錯過了跑馬拉松比賽。而這雙鞋唯一讓李女士滿意的是價格，在用了優惠券之後這雙跑鞋的價格是 40 美元，約合 249 元，而同款跑鞋在中國專賣店的價格是 899 元。

與李女士有相同遭遇的是趙女士，她抱怨說自己雙十二時在某電商平台上給兒子買的變形金剛機器人直到現在還沒有收到，已經超過兩個月了。該電商平台最後決定免去趙女士的物流費和關稅共 210 元，但是貨還在路上。

2 · 嚴格的海關制約

各國海關對於來自中國的快遞和郵政小包檢查日漸嚴格，不少網站的掉包率和退款率有所上升。很多商品在巴西等國家常常

被海關扣留，因為有些國家認為這涉及「敏感」產品。在這些國家中，中國和周邊國家發的包，基本上都會被檢查，扣留後就只能交稅或者退回。

3 · 配貨困難

而在很多海外貿易中，還會出現一種情況，就是訂購的產品如果是在保稅店中，那麼配貨發貨，就顯得很容易了。而一旦保稅店中缺貨，配送時間就會大大延長，也就自然而然會造成產品到貨的時間太長。

在跨境電商 B2C 模式下，賣家直接面對國外消費者，以銷售個人消費品為主，物流方面主要採用航空小包、郵寄、快遞等方式，其報關主體是郵政或快遞公司，貨品基本沒有納入海關登記，賣家更無法提供一張張報關單。

6.2.3 退貨付款步驟太複雜

相對於實體店家，電商們雖然在購物上有著各種各樣的優勢。但是，在售後服務這一塊，卻一直都有著非常明顯的不足。在電子商務業務量不斷增加，在線退貨趨於增多的情況下，退貨流程的複雜性也就會隨之增加，電商成本也會增加。

電子商務的退貨現象，無論是對於在線商家、供應商還是代銷商都會造成一定的時間和成本損失。對社會資源造成一定程度上的浪費。因此，電商們對於退貨服務的處理也就非常粗糙了。而這也給消費者們退款帶來了極大的不便。

網路零售近年來在中國發展迅速，但由於服務不到位，引發消費者不滿及投訴的情況也日益增多。很多時候，由於產品品

質、服務水平等問題而造成買家想要退貨。但是一旦已經付款，商品到了手裡，退回去就不那麼容易了。

2013 年，中國針對電子商務退貨困難這一問題，制定了「七天無理由退貨」的條例，以緩解網路購物消費投訴。從理論上來說，「七天無理由退貨」是一個天貓店鋪最基本的責任和義務，既可以保證消費者最基本的權益，又可以改善自身服務水平，提高網店競爭力。但實際上，這樣的政策並未給消費者退貨帶來許多方便。

網購「無條件退貨」

不少網店雖標有「七天無理由退換」的綠色標識，但在商品詳情裡卻寫明「恕不接受因為尺碼大小不合適自己等原因退貨」等字樣。吉林省工商局相關負責人表示，這種現象違法，消費者如在此類「霸王」賣家維權受阻，可到工商部門投訴。

根據新的消費者權益保護法，網路、電視、郵購等方式銷售的商品，消費者可以在七日內無理由退貨，且無須說明理由。

然而一些網店仍以各種理由搪塞，如「本店恕不提供無償試穿服務，買前請看好尺碼」「本店不接受因穿著不好看而退換貨」等，更有網店稱「本店經營模式特殊，服飾在無品質問題下不退不換。鑒於淘寶規定，親下單時還得麻煩能和我們進行約定。」這裡所謂的「約定」，即讓買家和賣家簽好「保證書」，即「本人同意自 2014 年 × 月 × 日起與貴店的所有交易於收貨後無品質問題時均不退不換」，讓消費者大跌眼鏡。

除了退貨申請難通過之外，退貨的流程對於消費者而言也並不容易。一般而言，網上退貨流程如下圖所示。

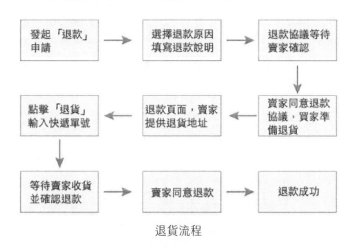

退貨流程

更多時候，買家經過多重步驟，自己去快遞處退貨，卻依舊難以很方便快捷的收到賣家的退款，如下面這個案例。

消費者王女士在拍拍網上的一家女裝店裡購買了一條黑色連衣裙，收貨後，她發現連衣裙的品質與賣家描述不符，於是馬上聯繫賣家要求退貨。

　　王女士在 3 月 25 日的收貨當天就將衣服寄回給賣家，可是十多天過去了，賣家既不回電話也不退款，王女士有些著急，她先打電話到快遞公司查詢遞送詳情，然後又上網登錄拍拍網帳戶。她注意到「賣家處理意見」一欄中顯示，賣家在 4 月 2 日就已經同意退貨。王女士馬上透過 QQ 聯繫賣家，可聯繫多次，賣家既不回覆也不退款，王女士無奈之下，又趕緊聯繫拍拍網。

　　無法上傳附件就無法維權，王女士見如此費力準備放棄訴求，但又有些不甘心。她注意到「賣家處理意見」一欄中標註有收貨人電話，撥通後，對方承諾王女士盡快處理，其後便無法再接通了。

　　記者從王女士提供的相關證據中找到賣家的聯繫方式，可撥打多次都無法接通。記者又以消費者的身分聯繫拍拍網客服，核實王女士申請退款後的處理情況，客服回覆：王女士申請過退款，但還沒有在網頁申請維權，所以目前無法處理。

　　從上面這個案例中我們可以看出，由於買方在退貨過程中一直處於被動地位，錢款並沒有掌握在自己手中。而賣家對於退款服務又十分不積極，這就造成了在退款過程中，買家只能坐等消息，無法控制退款程序中的任何問題。

賣方退款不積極

在退貨退款過程中，消費者向電商網站發起退貨申請，由它與其經銷商協商退貨，此時系統顯示為「等候處理」狀態。協商成功後，消費者必須自費將快件寄送至經銷商。經銷商在確認到貨後，登錄電商後台系統，將「等候處理」更改為「接受處理」和「退貨成功」。接下來的退款工作，又由電商工作人員來負責。而經銷商與該電商的溝通不暢，是退貨程序繁瑣的主要原因。通常消費者確認收貨、給經銷商發貨的時間約為二至三天；經銷商收到貨後，確認「退貨成功」的時間為六天；退款工作約需二十四小時。這就導致了退款耗費的時間非常長。

6.3　【措施】倉儲和研發來拯救

中國的電子商務發展經歷了從工具到管道再到基礎設施的過程，現正在發展成為一個經濟體，預計至 2020 年中國的網路零售總額將超過十萬億元。隨著阿里巴巴的發展，在各方面，這個超級電商平台都已經走向成熟，物流就是制約其發展的最後一塊短板。所以怎樣彌補這個短板就成了重中之重。

而打造這塊短板的重點就在於很長時間以來都被人忽視的倉儲管理，同時，根據當前電商行業的物流實際情況，加強對物流方面的研發，也是電商物流的另一突破口。

6.3.1　抱團物流：確保購物體驗

為了應對物流行業的制約，各大電商平台都紛紛拿出相應的對策。其主要是分為了兩個方向。一是像京東、亞馬遜那樣自建

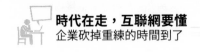

物流體系。二是像阿里巴巴那樣和第三方合作。

自建物流體系從一定程度上緩解了電商的物流難題，京東更是憑藉自建物流平台，依靠物流上的優勢成為了中國的第二大電商平台。然而，阿里巴巴並沒有選擇自建物流。雖然在 2013 年，阿里巴巴建立了菜鳥網路，預示著阿里巴巴正式向物流業進軍。但是菜鳥網路並不是作為一個電商自建物流體系而存在的。

菜鳥網路是由阿里巴巴集團、銀泰集團聯合復星集團、富春控股、中國郵政集團、中國郵政 EMS、順豐集團、天天、三通一達（申通、圓通、中通、韻達）、宅急送、百世快遞以及相關金融機構共同成立的一個物流網路平台。它並不為淘寶電商們提供物流配送服務。這就給電商賣家們帶來了很大的困難。

面對這樣的形勢，在 2014 年 5 月，阿里巴巴投資卡行天下，成為卡行天下的第二大股東，抱團物流公司，給消費者們更好的購物體驗。

卡行天下是一家運用創新的商業運作模式，融入了現代物流供應鏈管理、資訊管理、資訊系統平台等支持的領先的供應鏈管理公司。它具有四方物流的功能，致力於供應鏈管理體系的資訊化、透明化和集約化。卡行天下用領先的物流管理資訊平台為客戶提供採購、生產、銷售、逆向物流等一站式服務。按照不同的企業需求把資訊、貨物、資金在同一資訊平台上加以管理，從而將客戶需求和運營資源完美結合。

阿里巴巴之所以會和卡行天下抱團，主要是看中了卡行天下的中小物流服務商，進而將這些專線物流公司入駐，「菜鳥」在中國各地的倉庫都可以更好的運轉。

　　雖然菜鳥在很多地區都有，但是地理位置都相對偏遠。商家並不會首選菜鳥。部分倉庫為了不閒置，就外包給天貓的商家，作為分倉使用。阿里巴巴在菜鳥網路上聯合了九家公司，但是這個「地網」的投資期和建設期顯然要比回報期漫長得多。這也就導致菜鳥必須要改變現在的經營方式，拉攏更多的商家。

　　同時，菜鳥還要整合更多的實體物流資源。菜鳥網路的基礎設施主要包括兩部分：一是中國幾百個城市透過「自建＋合作」的方式建設物理層面的倉儲設施；二是利用物聯網、雲端運算技術建立基於這些倉儲設施的數據應用平台，並共享給電商企業、物流公司、倉儲企業、第三方物流服務商和供應鏈服務商。但是到目前，菜鳥更傾向於在二三線城市投資大型分撥中心，自動化分揀，從而提供給快遞公司們，以提高其使用率和周轉率。

　　加入卡行天下，可以吸引更多的物流企業，帶動人流和商流的運轉，改善現在菜鳥發展的困局。在物流方面也才能獲得長足發展。

　　在物流成本上漲的當下，電商想要進一步發展，就要打破傳統的思維模式。把電商和物流隔離的做法是行不通的。正是因為物流上的制約，電商才更要加緊和物流的合作。在物流方面，其實也因為小型電商太多，而造成效率不完全優化。所以，電商平台和物流能搭配，對雙方的發展而言，都是一個機會。

6.3.2 倉庫儲備：保障物流速度

　　現代物流系統中的「倉儲」，已經和傳統意義上的「倉庫」「倉庫管理」有很大的不同了。它表示的是一項活動，一個物流過

程，是以滿足供應鏈首尾端的需求為目的，在特定的場所，運用現代技術對物品的進出、庫存、分揀、包裝、配送及其他資訊進行有效的計劃、執行和控制的物流活動。其中，物品的出入庫與在庫管理既是倉儲最傳統，也是最基本的功能。

2013 年，作為繼天貓淘寶電商體系、螞蟻金服支付體系之後的第三大策略，阿里巴巴旗下的菜鳥物流共建了五大物流園區，分布在華北、華東、華南、西南、華中五地，總面積超過一百萬平方公尺。從數量上來說，菜鳥在天津建了兩個倉儲，浙江金華和義烏之間有一個，廣州一個，還在北上廣三地也分別建了三個生鮮倉儲。境內還有四個保稅倉儲和一些小家電倉儲。

這被看成是阿里巴巴要自建物流的一個舉動。但是很快，當時阿里巴巴的首席執行官馬雲就表示「不會跟物流服務商搶飯碗」。在菜鳥網路方面，阿里巴巴沿襲了「只做平台，不做應用」的一貫定位，但是這同樣也表示了阿里巴巴開始重點發展物流業。而一開始，阿里巴巴就選擇了從倉儲上著手，可見倉儲在物流中的重要性。

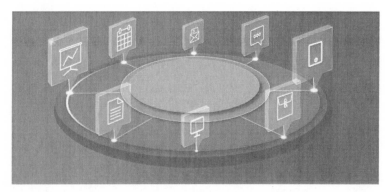

平台型

不做物流為什麼要建立倉儲呢？菜鳥的目標其實是要建立中國多地分倉、倉儲和配貨合作的模式。倉儲是開放給物流公司使用的。要想建立一個高效的物流網，倉儲是最重要的基礎支撐。

根據統計，淘寶天貓上的包裹占到了中國各地包裹的 60% 以上，為了保證這些包裹快速分銷、送達，增加倉庫數量就變得很有必要。

菜鳥有自建、共建和租用三類常用的布倉方式。此外，還有一種就是收購。2015 年 5 月，菜鳥收購了亞馬遜在上海的兩萬平方公尺的倉儲中心，包括後者先進的分揀設備，會根據騰訊體系平台上的品類對倉儲做調整、改進。菜鳥倉庫的增多甚至帶起了一種新興的行業——倉配管理，比如給天貓超市做倉配管理的心怡物流公司。

在國外，阿里巴巴也跟各國物流公司合作，建立了保稅倉，這樣一來，就能提前利用好保稅倉，做好預清關，讓海關清楚放在保稅倉的貨品是什麼，縮短國際物流時間。

倉儲可以將小批量、分散的產品運輸任務集中，進行整合，有利於運輸集約化以及運輸線路的整體優化，從而降低運輸成本。在一個龐雜的物流系統中，倉儲是最基礎的部分，只有把這個基礎打牢固了，物流系統才能高效運轉。

6.3.3 海外基站：提升流通效率

互聯網帶來的全球市場的開放，使跨境電商也有了很大的發展潛力。當前，正是跨境電商發展的黃金時期。它已經成為創新、發展的重要引擎和萬眾創業的重要管道。但是，在跨境電商

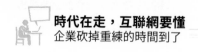

飛速發展的同時，物流卻成了制約跨境電商的重要難題。在跨境電商的訂單投訴中，大部分是物流原因。同時，在跨境電商的成本中，物流卻占到了 20% ～ 30%。這樣不合理的輸出關係，讓人不得不正視跨境電商中存在的物流問題。

同時，在天貓國際、亞馬遜全球購、京東全球購、網易考拉海購等進口電商平台互相追逐的背後，海外購業務把供應鏈戰線拉長，合理選擇物流模式也就成為了各大電商成功的關鍵。而阿里巴巴也成功打造出了菜鳥跨境物流。

阿里巴巴集團中，菜鳥協同的全球化全鏈路物流資源，透過和商業夥伴之間的協作，已經建立了覆蓋全球五大洲的海外倉儲網路和航空幹線資源能力，貨物可以通達兩百二十多個國家和地區。同時，菜鳥也打通了進口方面的三種模式：直郵、集貨、保稅；開通了中美、中德、中澳、中日和中韓五條進口專線；在中國的杭州、廣州、寧波三個城市設立了保稅倉庫，以此實現來自全球各地的保稅進口貨物在這三個城市集合。

2015 年，菜鳥網路與圓通推出國際航線，打通中國—韓國、香港—內地的跨境快件通道，中國部分區域有次日到達的可能。另外，菜鳥還與圓通合作，率先實現了臺灣直送服務，與中郵在策略合作框架下，推出了線上平郵加小包、掛號小包等物流產品。在俄羅斯、新加坡、芬蘭等國，菜鳥也與當地合作夥伴進行了數據對接，透過同海外商業夥伴的聯繫，在海外建設「基點」，實現物流資訊的同步流通，並嘗試開發適合中國用戶的快遞產品。

同時，阿里巴巴又推出了 Aliba ba Logistics 業務，為其 B2C

跨境速賣通和 B2B 跨境阿里巴巴網站上的賣家，提供包含跨境海運及空運、清關、海外倉儲、海外配送等一站式國際航運物流方面的服務。

其實，跨境電商的物流之難最難的並不是在中國以內，而是在中國以外。因為難以控制，也難以查詢的境外物流並不屬於中國，所以跨境電商想要解決物流難題，不能只從中國下手。縱使中國快遞行業再發達，也沒有辦法將境外的貨物送到顧客手中。所以中國電商們要從問題的出發點去解決問題，與中國海外物流創造聯繫，在中國海外建立基點，打通中國內外的資訊，這樣才能解決中國跨境電商的問題。

6.3.4 對接 O2O：降低空駛浪費

互聯網時代，各種 O2O 模式興起：外賣 O2O、便利商店 O2O、醫藥 O2O、超市 O2O、生鮮 O2O、鮮花 O2O、蛋糕 O2O……這種配送給人們的生活方式、消費方式都帶來了很大的變化。但是，伴隨而來的則是嚴重的物流配送問題。

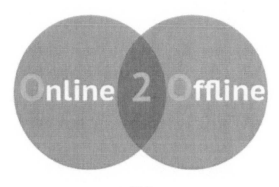

O2O

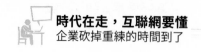
當前，資訊不對稱就是整個物流行業最大的困難。中國大部分的貨車司機都是個體司機，他們承擔著中國主要的貨運量。但是這些貨車司機接業務大都是透過熟人、朋友的關係以及每個城市的貨場，這就導致了很多貨車司機大部分時間並沒有接業務，而有相當部分發貨人卻苦於找不到貨車，整個行業就出現了大量貨車空駛現象。這個時候，物流 O2O 就有了發展的條件。

2015 年，阿里巴巴和蘇寧這兩個昔日的競爭對手突然宣稱達成全面策略合作。阿里巴巴集團將投資約兩百八十三億元人民幣參與蘇寧雲商的非公開發行，占發行後總股本的 19.99%，成為蘇寧雲商的第二大股東。與此同時，蘇寧雲商將以 140 億元人民幣認購不超過 2,780 萬股的阿里巴巴新發行股份。

阿里巴巴和蘇寧合作，就是為了打造 O2O 的典範。雙方整合各自的優勢資源，利用大數據、移動支付、物聯網等先進手段，創新 O2O 運營模式，阿里巴巴和蘇寧將實現線上線下體系無縫對接。對於阿里巴巴而言，蘇寧強大的線下資源正是它的痛點所在。

物流平台的核心門檻就在於如何更高效、更精準的解決空駛。要想解決這個問題，非雲數據不可。這裡需要綜合的資訊包括但不限於：運輸路線、運輸頻次、往返時間、運輸時間節點（月或季度）、運輸車輛數量、運輸規模、運輸地域熱點分布等，透過大數據交集彙總構成龐大的可標籤化的立體資訊，從而降低甚至解決物流空駛率。

根據計劃，菜鳥物流在蘇寧自有配送體系的配合下，利用阿里巴巴大數據和雲端運算的優勢，能夠智慧化定製最佳配送方

案，商品最快兩小時之內就能送達。上門安裝、維修、退換等售後服務也將變得便利，依託蘇寧遍布中國各地的一千六百多家門市等資源，消費者無論在線上還是線下購物，都可以就近獲得相應的售後服務。

透過大數據分析，就能更有效的整合物流資訊，降低貨車空駛率，提高物流資源的配送效率。阿里巴巴發揮自身的線上優勢，配合蘇寧的線下資源，成功塑造了一個物流 O2O 的範例。從中我們也可以看到，線上企業要想在物流上取得突破，自身的優勢資源也造成相當重要的作用。

6.3.5 開發 APP：主打同城運貨

2015 年 10 月 12 日，58 同城宣布旗下 58 到家公司完成 A 輪融資，融資金額為 3 億美元，阿里巴巴參投。2015 年末，正是 O2O 寒冬之際，為什麼阿里巴巴要投資一個小小的同城快遞，而 58 到家又為什麼能夠拿到 3 億元的投資巨款呢？

在線下的物流方面，阿里巴巴是缺乏的，而一直以來在這方面的弱勢，也就使阿里巴巴在線下物流方面的口碑和市場都十分缺乏。所以，從運營的角度上看，阿里巴巴投資 58 到家可以建設其在物流生態方面的影響力。

而在線下物流方面一直都處於強勢地位的京東，也在 2015 年重點推出了京東到家，致力於上門服務。京東作為騰訊體系的競爭對手，雖然起步較晚，但是透過自建物流在線下取得了很大的優勢，因而也成功晉升為中國第二大電商。被京東緊緊追趕的阿里巴巴雖然在物流上沒能超過京東，但是在布局上至少不

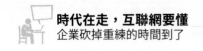

能落後。也就是在這樣的情況下，阿里巴巴才必須加快發展同城物流。

投資 58 到家如果說是能夠看出阿里巴巴對於同城運貨的興趣，開始打造線下的口碑，那麼阿里巴巴真正的行動應該就是開發了菜鳥裹裹 APP。

菜鳥裹裹透過眾包模式，除了在網購收件時，能夠使消費者在網購下單時選擇代收地點，並透過運費查詢功能對比各家快遞公司、預估價格，還能在寄件操作上，查找附近快遞員的聯繫方式，電聯快遞員上門取件。

阿里巴巴透過菜鳥裹裹完成對物流的全面布局。透過菜鳥裹裹 APP，顧客不僅能夠查詢天貓、淘寶還有聚美優品的包裹，還可以進行主流快遞公司的物流查詢。在菜鳥裹裹的服務布局中，阿里巴巴瞄準的人群是消費者。

在菜鳥裹裹上，顧客不僅可以有寄件上的便利，菜鳥裹裹更是將業務延伸到了公益、重貨、同城閃送等方面，將消費者體驗和商業模式對接，真正為平台、顧客都帶來了便利，這樣，才真正形成物流體系，營造物流上的優勢。

6.3.6 集約管理：資源充分利用

2013 年，「中國智慧物流骨幹網」項目正式啟動，多方合作共同組建的「菜鳥網路科技有限公司」在深圳正式成立。儘管在一開始，這樣一個公司就被認為是馬雲進軍物流行業的標誌，但是實際上，這樣一個物流公司和傳統的物流公司還是有很大的差別的，它更像一種類似於「第四方物流」的形式。

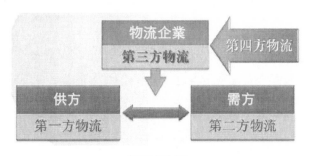

第四方物流

第四方物流的定義是一個供應鏈的集成商，對企業內部具有互補性的服務供應商所擁有的不同資源、能力、技術進行整合與管理，提供一套供應鏈解決方案。實際上就是綜合供應鏈解決方案的整合以及作業組織者，負責傳統第三方物流安排之外的功能整合。

阿里巴巴正是像第四方物流一樣，不直接參與具體的物流活動，而只是對物流方案進行系統設計、資源整合、資訊共享，並提供相關的供應鏈解決方案。在菜鳥網路的構建上，阿里巴巴依舊延續了一直以來做平台的理念，將整合作為菜鳥物流的關鍵字。

其實這從菜鳥的股權就能看出來。而在菜鳥的股權中，除了天貓的 43%、銀泰的 32% 占了整個股權的大部分之外，還有一個投資方也是很值得注意的，就是中國郵政。

這是作為國有企業的中國郵政首次和私營企業的合作。中國郵政也將中國十萬個郵政點中的五千個開放給菜鳥派送包裹。

隨後，阿里巴巴也和蘇寧進行了合作，利用蘇寧強大的線下物流資源進行整合，將蘇寧旗下的配送點和菜鳥對接，形成資

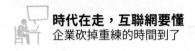
源互補。

　　而在海外，阿里巴巴同樣打通了多地的物流專線，當發貨量達到一定規模之後，就可以透過當地的物流體系進行整合。

　　因而可以看到，在阿里巴巴的物流布局中，它造成的依舊是整合資源的作用。實際上這也是阿里巴巴互聯網思維在企業各方面的一種運用。正是由於堅持這種做平台的思維方式，阿里巴巴才會在每方面的布局中都取得很好的成效。

第 07 章
風口型企業資金優化

相較於傳統企業，百度這一類的互聯網企業在互聯網時代可以說是占盡先機。但是，這樣的風口型企業也並不是十全十美，從開始到結束都是始終輝煌的。和傳統企業相比，它們看起來的確風光，但是同時，問題也同樣不小。

互聯網企業在盈利上有著絕對的優勢，往往在幾年間就能迅速發展，碾壓眾多傳統企業。但是有得必有失，在互聯網企業中，利潤高，資金需求也同樣很大。尚且不論創辦初期企業盈利情況慘澹的局面，在發展期，其所需要的周轉資金就足以讓眾多互聯網型企業大面積陣亡，因此，對於這類風口上的企業來說，資金是它們發展的最大的問題。

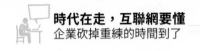

7.1 【案例】百度大佬奮鬥史

從北大一間不起眼的小辦公室，到今天全球最大的中文搜尋引擎；從依靠 120 萬美元風險投資成立的小公司，到今天 2,000 億美元市值的互聯網巨頭，百度從 2001 年正式成立到現在，已經走過了 15 個年頭，而在 15 年後的今天，它已經成為中國企業史上的一個奇蹟。這讓我們看到了在互聯網時代，任何事情都是有可能的，也讓我們看到了互聯網企業的神奇。

如果説阿里巴巴見證了中國電商的興起，那麼百度就是見證了中國互聯網發展的全過程。在互聯網企業中，二者也一向是針鋒相對。不可置否的是，百度是利用互聯網發展的第一代互聯網企業，也正是百度，使中國成為全球僅有的四個擁有搜尋引擎核心技術的國家之一（其他三個為美國、俄羅斯、韓國）。

7.1.1 眾裡尋他千百度

現在，對很多中國人而言，遇到不會的東西，第一反應就是「百度一下」。全球最大的中文搜尋引擎百度，已經成為人們生活的一部分。2000 年，李彥宏、徐勇兩人在北京中關村，想為人們提供一種「簡單、可信賴」的資訊獲取方式，百度就這樣誕生了。

「百度」來源於宋代詞人辛棄疾《青玉案·元夕》中的一句詩：眾裡尋他千百度。按李彥宏自己的話來説，就是「一個痴情的男人千百次的搜尋他的愛人」。這不僅代表著「百度」這個企業對搜尋引擎的定位，同時也象徵著百度對中文資訊搜尋技術的孜孜追求。而百度圖標上的那隻熊爪，則來源於「獵人尋跡熊爪」，這個

圖標就暗示著百度公司對於搜索技術的堅持。

在搜尋引擎剛發展不久，也即 Google 搜尋引擎開始崛起之時，李彥宏就覺察到，Google 公司開始競價排名的商業模式在迅速成長。在整個過程中，盈利的訣竅就是，先憑藉技術領先而以點擊量收錢。以域名為例，排在前面，一個點擊可以收費 5 ～ 10 美元，註冊一個就收 100 美元。

而一開始百度的盈利模式則是，向入口網站提供搜索技術服務，按照網站的訪問量分成，向入口網站收取費用。這種付費模式在當時頗受入口網站的歡迎，包括新浪、網易在內的各大入口網站都採用了百度提供的服務。

這樣的經營方式效果並不好，像是在「為他人作嫁衣裳」，同時，由於當時的入口網站數量十分有限，因而取得的收入也並不是十分理想。所以後來李彥宏就想將百度做成 Google 一樣的網站。

甚至在剛提出這個設想的時候，公司大多數人都是不贊成的，認為李彥宏是在做夢。但是李彥宏堅持自己的想法，甚至指責當時公司的人們太過於保守落後，公司的股東們才勉強同意讓李彥宏按照這種商業模式進行嘗試。

2001 年 10 月百度就改變了以前的商業模式，重新推出搜尋引擎競價排名。雖然在一開始，並沒有取得立竿見影的成效。但是李彥宏很快就明白過來，這種「美國式」的商業模式，到了中國之後就必須加上「中國特色」，才能取得成功，於是百度認真研究中國文化，推出了符合中國用戶使用習慣的中文搜索。

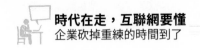
初期其實並沒有給百度帶來多少盈利，在創業初期，120 萬美元的巨額資金只是作為公司的開始，而在 2001 年確立了百度競價的模式之後，百度才開始真正走上正軌。到 2002 年，利潤已經有所上漲，2003 年時，利潤已經是 2001 年的五倍之多。

自 2001 年起，百度就確立了自身的企業定位、企業策略。並在中國開始了自己的中文搜尋引擎的崛起之路。

7.1.2 搜尋引擎搶占流量口

百度競價排名模式的開啟，標誌著百度從單純的技術供應商向搜索門戶的轉型。同時，也正是這一模式，使百度在此後的十幾年間，牢牢保持著「中國互聯網流量控制者」的角色。2002 年至 2003 年，競價排名迅速成為百度的主要收入來源，2004 年百度 80% 的收入來自競價排名。

在 Web 1.0 時代，互聯網採用的基本上是技術創新主導模式，各大網站都處於新生時期。這個階段的網站，技術性痕跡都很濃厚。

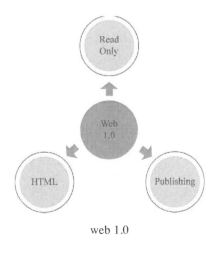

web 1.0

這個階段興起的網站，比如說以技術平台起家的新浪，以即時通信起家的騰訊，還有以搜索起家的新浪和百度。它們盈利基本上都是依靠流量。

在這個時代，百度主要的業務重點落在四個方面，第一是網

友。互聯網時代的用戶至上的原則，百度從一開始就把握得很好。百度認真分析了中國網友的網路搜索習慣，為用戶不斷優化產品。龐大的用戶點擊反饋也讓搜索結果越來越精準。

第二次是內容提供。當百度搜尋引擎成為了很多網站的入口時，網站將精力都放在搜尋引擎優化上，在百度競價模式出來以後，各大垂直網站都要花高價賣百度自然搜索結果排名第一的位置。

第三是百度聯盟。2005 年，百度就開始實施網站聯盟，用戶需要搜索的時候除了直接點開百度網頁以外，還可能在一些導航網站或者門戶直接輸入搜索的關鍵字。這些外部入口用哪家的搜尋引擎，幾乎決定著外部的導流，因此，百度聯盟的合作，可以讓合作夥伴將百度的搜索框放在自己的網站上，給百度帶入更多流量，百度則透過搜索從廣告主身上賺到錢，並分成給合作夥伴。這也使中小網站與廣告主有了更直接的對接，甚至這些中小網站都依賴百度實現變現，百度也就成了這個生態系統的核心所在。

第四是廣告。百度是一個很好的廣告平台，在百度上投放廣告，一般都能收到比傳統廣告更高的回報率。

可以看出在這個時代的互聯網中，百度幾乎是當時所有業務的集合點。內容提供者在各自的網站上為網友和百度系統提供內容，網友則覺得百度越來越好用，也就點了更多廣告主的廣告，到達內容頁面之後依然點擊著百度的廣告。在這樣一個良性循環中，百度就搶占了互聯網的流量入口。

百度就依靠這樣的優勢，在電腦時代一直占據著流量入口。

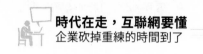
一直到今天，百度依然是中國最大的搜尋引擎入口。

7.1.3 互聯巨頭競爭新格局

隨著 Web 3.0 甚至 Web 4.0 的到來，各大網站的類型也在漸漸增多，搜尋引擎不再是流量入口的唯一「大股東」了。電商的興起，通信工具的運用，都改變著人們使用網路的方式，同樣也改變著流量入口網站的類型。

在移動互聯網時代，互聯網越來越向社群和服務的方向發展。騰訊和阿里巴巴的崛起，與百度一起在互聯網行業形成了「三足鼎立」的局面，這三大巨頭緊握著 QQ 和微信、網購、搜索這幾個最重要的流量入口，在互聯網的大數據中瓜分著巨大的財富。

在這樣一場競爭中，三大巨頭都很清楚想要搶占市場份額，不僅要改進線上業務的發展模式，同時也要發展線下，因而他們也有著各自的策略布局。

阿里巴巴仍然是以電商為核心，在線下推廣淘寶農村計劃，投資菜鳥物流，入股蘇寧等。透過投資和各大傳統企業合作。同時，圍繞金融、影視、音樂、體育、健康等生活各方各面的服務來布局，大多數採取控股的方式，以控制整個產業鏈。騰訊則是以社群軟體微信為核心，用微信延伸到不同的使用場景，透過微信支付最終實現產業閉環。騰訊同樣也在出行和餐飲方面進行了投資。

相比之下，百度採取的是一種多入口的思路。搜索框、直達號、百度地圖、手機百度等應用組成移動端的一個個入口，用戶

從不同入口進來，而底層數據打通、服務的閉環最終由百度糯米來完成。

從三者的策略布局不難看出，三者對於互聯網市場的爭奪是非常激烈的，而下面這個事件更是可以反映出三大巨頭的戰爭早已是硝煙瀰漫。

2015 年 7 月的一個正午，百度創始人、董事長李彥宏在午宴中與一位年輕的創業者相識，經過短暫的單獨交談之後，這名以決策謹慎而著稱的企業家當場提出了入股要求。當晚，百度下了投資意向書，第二天，過橋款直接打到了對方的帳戶上。

這位創業者的公司名為「e 袋洗」，是這一輪 O2O 浪潮中的典型公司，他們上門幫用戶取衣物，然後送到合作的洗衣店進行清洗，在這裡，清洗一件衣服只需要幾塊錢。事實上，這並不是百度對這家公司的第一次出價，在首輪競價中，它輸給了另一位巨頭——騰訊。騰訊在 e 袋洗誕生的早期就投資了這家公司，他們希望在此輪融資中加註，並且聯盟了騰訊體系的其他成員——京東和 58 同城。

「交易始於騰訊體系公司的一次聚會，」來自京東的一位知情人士告訴記者，「Pony 把劉強東和姚勁波叫到一起，把 e 袋洗推薦給了這兩位 CEO，並且說服他們參與進來。」

一位騰訊策略投資部門的人士稱，他們更希望由騰訊體系的成員來接盤自己所投資的公司，而不是轉手送給百度和阿里巴巴。於是，騰訊、京東、58 同城三家共同給出了一個報價，它們的出價比第一輪百度的要高，這直接打動了 e 袋洗。

事情很快發生了轉折。京東到家副總裁鄧天卓告訴記者，e 袋洗希望京東和 58 可以承諾不做競爭業務。「我們沒法同意，我們需要保持競爭的活力。」鄧天卓說。

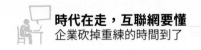

京東和 58 同城都是這一輪 O2O 競爭中的參與者，它們同樣野心勃勃。前者上線了京東到家，後者推出 58 到家，它們都想成為本地生活服務的大入口。

e 袋洗董事長張榮耀告訴記者，那段時間非常煎熬，他先是拒絕了阿里巴巴的入股需求，「因為騰訊體系更想控股」。而接受京東和 58 投資的好處在於未來風險會變小。「但說到底，他們對我的定位不過是自己大平台中的一個垂直入口而已。」而今天的 e 袋洗並非只是一個垂直服務提供商，他們在實驗共享經濟，同樣想成為入口。

關鍵時刻，李彥宏用一次午餐，比首輪高出不少的價格以及極高的誠意直接扭轉局面。最終，e 袋洗放棄騰訊，轉投百度。2015 年 8 月，這家成立兩年的公司宣布完成 1 億美元 B 輪融資，百度領投，估值 5 億美元。

在三大巨頭的各種競爭中，最激烈的其實莫過於出行和餐飲兩個方面了。在餐飲上自不必說，大眾評價的背後是騰訊，而美團也有阿里巴巴的投資。百度也不甘示弱，用一點六億美元投資百度糯米。在三大餐飲服務平台背後實際上是三大巨頭的戰爭，這也讓原本鮮明的戰況變得撲朔迷離。而在這樣一場戰爭中，資金已經變成了數字上的存在，巨大的消耗讓整個市場都充滿了火藥味。

而在繼騰訊體系、騰訊投資計程車軟體一年多之後，百度也終投資美國計程車軟體優步。這就意味著計程車軟體市場也迎來了三足鼎立的時代。

到現在為止，戰爭只發生在那些 BAT 已經完成布局的領域中，而隨著三巨頭在醫療、教育、影視等領域相繼布局完成，在出行、餐飲行業的戰火將蔓延到這些領域。而這不僅會給市場帶

來了非常大的不可預見性，同時，對三大巨頭來說實際上也是一場巨大的資金考驗。

7.2 【問題】網路企業互聯網坎

互聯網最大的特點就在於，它不像傳統企業那樣具有穩定性，而是始終在變化著。因此，即使是在互聯網風口上創辦的企業，也並不意味著它們就能一直乘風破浪，不停上升。而在機遇和風險同存的情況下，互聯網企業也會很容易出現種種發展危機。就像一直所說的，互聯網是一把雙刃劍。既給企業帶來了前所未有的發展空間，也會不經意間就給互聯網企業帶來意想不到的傷害。

7.2.1 盈利模式是最大問題

百度的成功來源於其競價模式的推行。在 2001 年向競價模式轉型之後，2003 年，百度就成為了中國市場份額最大的搜尋引擎公司了。到今天，百度這樣的盈利能力卻不免讓人有些懷疑了。而在各種因素的影響下，百度的股價也是節節跌落，這不得不讓人思考，是否百度的盈利模式出了問題呢？

1・單一的產品

在搜尋引擎領域，百度的地位一直都是處於中國第一的位置，從現狀來看，也很難被撼動。這也就是說，百度已經壟斷了搜尋引擎這塊的所有業務。除此之外，也沒有具有實質競爭力的競爭對手能對百度的未來發展構成威脅。在這種情況下，其創新

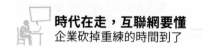

能力也是很難被激發出來的。

根據百度推出的產品就可以發現，不管是百度貼吧，還是百度知道、百度百科、百度地圖等產品，都是在與 Google 的競爭中推出的。與 Google 的競爭推動了百度的產品創新能力，這種危機意識在 Google 時代為百度的發展帶來了很大的創新能力。例如百度貼吧上線的時間是 2003 年 12 月，百度地圖為 2005 年 9 月，百度知道為 2005 年 11 月，百度百科為 2006 年 4 月。而隨著 Google2010 年退出中國，百度的危機意識也就漸漸消淡了。已經牢牢占據中國第一搜尋引擎位置的百度，在產品創新上開始陷入乏力的局面。

2 · 單一的方式

而在以競價為核心的盈利方式上，百度也顯得異常單薄。百度所有的利潤基本上都來自百度競價模式。數據顯示，百度 2015 年各季度的總營收都是以網路營收為主，甚至整個季度的總營收中，網路營收占比超過了 95%。而同樣是互聯網型巨頭的公司阿里巴巴和騰訊，主營業務在總營收中占比都只在 75% 左右。

這樣單一的盈利方式也就導致了百度在今天創新能力的不足，發展潛力也堪憂。如果繼續採用這種只依賴競價的方式，那麼一旦這種競價模式受到衝擊，百度也會變得脆弱異常。

3 · 以企業為中心而不是以用戶為中心

雖然是流量導向，但是百度的競價廣告盈利的方式中，盈利來源實際上並不是用戶，而是企業。透過為企業導入流量，以競價來掙企業的錢。在用戶身上百度能取得的盈利很少。

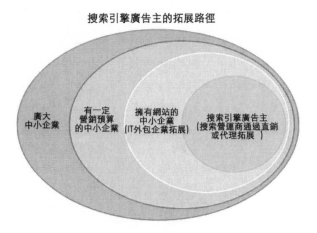

搜索引擎廣告主的拓展路徑

百度廣告主擴展途徑

但這樣的方式是很危險的，如果忽視用戶，而只是從商業的角度出發，那麼一旦有一些事件發生，勢必輕易就會造成用戶對網站的信任度下降。這個時候，企業的業務基礎就受到了損傷。

綜上，我們可以看出，以競價為核心的單一盈利模式中，存在著諸多讓百度面臨風險的危險因子。競價排名的方式已經開始出問題了，而百度要想改變當前的企業現狀，就必須先從盈利模式開始改起。

7.2.2 移動互聯網先機被占

隨著智慧移動端在中國的普及，各大網站的流量也漸漸開始從電腦端轉移到移動端。對移動短的搶占一般而言有兩個路徑：一個是前端搶占入口，爭取捆綁用戶和流量；另一個是建立商業模型，將用戶的商業流量變現。

相對於其他兩個互聯網巨頭企業，百度顯然是起步比較晚

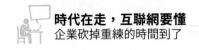
的。2011 年，騰訊開始了入口處爭奪，開發了微信，並在手機 QQ 上持續發力，迅速搶占移動端用戶。更重要的是，騰訊還為微信構建了包括電子支付在內的 O2O 和電子商務生態，在遊戲開放平台和電子商務方面也已經做好布局。而阿里巴巴也先後投資了新浪微博、高德地圖、UC 等，從社群、地圖到瀏覽器，也很早開始了移動端的爭奪。

在面對移動互聯網時，百度則遲遲沒有明晰的動作，但是其實在 2009 年，百度就想過像 Google 那樣開發移動互聯網，甚至在 2011 年也推出了自身的產品「易平台」。然而由於自身硬體條件並不成熟，也就導致了當時平台的失敗。這次失敗似乎也讓百度後來在面對移動互聯網時猶豫不決，以致錯失了發展的先機。

在 2013 年，百度才看起來真正明晰了向互聯網進軍的策略計劃，大投入百度收購 91，開發手機搜索、百度地圖。雖然看起來開始風生水起，但是跟其他兩個企業相比，起步較晚的百度處於落後的弱勢地位。

在百度的「入口」中，缺乏像微信那樣對用戶「強黏合」的產品。無論是應用商店、移動搜索，還是地圖、視頻，都不算是移動互聯網的強需求。從這個角度看，百度的移動入口地位是遠遠不夠堅固的。

2014 年 10 月，百度移動端流量超過了電腦端，為百度的業務帶來了巨大的價值。短短一年時間的布局，移動端就能取得這樣的成績。這雖然看似很驚人，但實際上也是很正常的。隨著手機互聯網用戶的增加，這樣的增長趨勢實際上也是可以料想到的。而百度應該惋惜，在這樣一個風口處，起步得太晚，沒能做

好第一時間的布局。

7.2.3 監管標準引發大討論

2015 年，百度遭受了一次重創，那就是「魏則西事件」。事件出來之後，百度當月的淨利潤為 24.14 億元（約合 3.632 億美元），同比下滑 34.1%。而在 2016 年，百度又出了一件類似的事：出賣血友病吧。這個事件出來之後，同樣給百度帶來了不小的影響：第二季度的報告中顯示，百度營收增長 10.%，增長速度創近八年來最低記錄。平均預期是 180.8 億元，而在盤後交易中，百度的股價也跌到了 12.4%。

百度出賣血友病吧

這兩次醫療事件的醜聞，不僅引發了百度經濟業務上的損失，更對其名譽有著不可預計的損害。關於百度監管問題，也引發了人們的熱議。

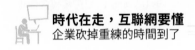

　　由於百度競價模式的盈利方式，在百度上，出現順序都是依靠企業的出資決定的，這就造成了網站資訊可靠性的問題。

　　以百度貼吧為例。這本來是百度最早開發的產品之一，人們對貼吧的關注度、信任度也是很高的。在貼吧中，不論是生活還是興趣方面的內容，每個人都能在這裡找到共同話題，而百度也對其有相當大的人力和財力投入。

　　有著這麼大的用戶基礎的產品，最終也免不了被百度用於商業行銷。百度近年來開始向第三方出售貼吧的運營權。第一個被賣出去的貼吧是以 70 萬元賣出的艦娘吧。而這件事也一時間引起網友們的大量討論和各種方式的吐槽。

交了70W，你就是吧主了！

各種方式的吐槽

　　作為一個搜尋引擎，各種資訊彙集是在所難免的，但是正是

因為資訊的龐雜多樣，人們才更需要經過篩選的優質資訊。僅僅依靠競價來排名，各種資訊度是難以得到用戶認可的。或者説，即使百度作為商業公司，採用競價排名，但是其監管也不應當被忽視。

7.3 【措施】傳統互聯企業逆襲

現在 Web 4.0 時代的説法都已經出現，在 Web 1.0 時代發展起來的企業幾乎被稱為傳統互聯網企業了。互聯網時刻都在改變，這也推動著時代的變化。在這種變化中，互聯網企業想要生存下去，就必須有相應的對策。

互聯網企業能夠在互聯網剛剛起步時抓住機會，這種洞察力就是互聯網企業的生命之源。常常出現的情況是，一個互聯網企業只要找對了發展風口，就找到了成功的入口，那麼在當下，傳統互聯網又該怎樣實現轉身呢？

7.3.1 做移動端：搶占流量入口

在互聯網移動端，百度雖然起步較晚，但是發展到今天，依然取得了不錯的成效。在 2016 年第二季度中，百度總營收為 182.64 億元，實際同比增長 16.3%。其中，移動營收占比持續上升達 62%。移動搜索月活躍用戶數達到 6.67 億，同比增長 6%，百度地圖月活躍用戶達到 3.43 億，同比增長 13%，百度錢包啟動帳戶數達到八千萬，同比增長 131%；在本地生活服務領域，由百度糯米、百度外賣、百度錢包等共同構成的百度電商化交易總額

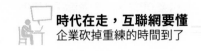

（GMV）為 180 億元，同比增長 166%。

百度能夠取得這樣的成績，和它全面的布局是分不開的。從 2013 年觸及移動互聯網開始，百度自知起步時間是比較晚的，在謹慎考量過之後，便迅速投入了移動端的布局中。

1·移動分發

分發是移動與聯網應用的重要入口，也是互聯網企業搶占流量的重要工具。在移動互聯網中最重要的遊戲應用就很依賴移動分發這個入口。

百度移動分發平台介入應用數量高達 160 多萬個。透過這些應用，百度的移動分發平台搶占 6 億用戶，日分發量達到 1.74 億，上百萬開發者在百度的平台上推廣 APP，獲得變現。

百度分發平台共有三個：百度手機助手、安卓市場和 91 助手。這三個安卓應用分發市場在整個移動互聯網端構成了一個龐大的應用，以近半的市場份額穩居分發市場第一。而百度也已經完成了旗下多個平台的整合，百度手遊聯運平台、多酷手遊聯運平台、安卓開發者平台、91 手遊聯運平台、91 開發者平台等五個平台完成整合化一，開發者透過一站式提交就可以同時覆蓋所有百度分發管道。

百度在未來還將繼續透過 InAPP 搜索和用戶畫像等創新技術手段，提高分發效率和精準度，透過引用分發平台，獲得應用入口流量。

2·移動支付

百度在 2014 年 4 月推出百度錢包。自推出以來，百度錢包用

戶量就一直保持著高速增長。2016 年，百度錢包的啟動用戶達到
了八千萬。百度錢包的整體設計都是圍繞著「服務」來做的。在
百度錢包的開發上，首先是介入了百度 14 款用戶過億的 APP，
打通了百度錢包的外部場景。然後透過人性化的設計，在百度搜
索、分發平台還有百度地圖上都設置了流量入口，使百度錢包能
夠充分吸引用戶。

當下，接入百度錢包的，除了百度自身有投資的百度糯米、
去哪裡網以及優步之外，還有國美在線、聚美優品等線上消費平
台。透過百度錢包，也可以實現信用卡還款、繳費充值等服務。

百度錢包也整合了搜索、分發、地圖、團購、視頻等平台資
源，同時也完成了集支付、錢包、金融中心於一體的相關布局。

3・生活場景

如果說，之前百度做的都是移動互聯網的各點布局，那麼漸
漸的，百度就是在將這些點連成線甚至結成網，最終實現移動互
聯網和整個生活結合的狀態。

百度最終希望的是透過百度這個平台，將人們的生活服務和
商家結合起來。比如 2015 年百度推出的直達號，就是透過平台
讓商家形成「引導—諮詢—訂單—反饋—追蹤—維護」的完整的
良性生態循環。這樣也能使商家和顧客之間形成友好的關係，客
戶最終習慣於選擇自己信任的商家，這也就為商家帶來了穩定
的流量。

在百度直達號中，入駐的商戶已經超過了六十萬，覆蓋了娛
樂、餐飲、金融等各個生活服務領域。在為顧客帶來更好的體驗

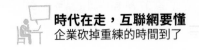

的同時，也實現了為商家「引流」的優勢。

全方位的移動端布局，百度的移動端流量很快就超越了電腦端。顯而易見的是，移動端的發展潛力是電腦端難以比擬的。而在移動端，百度依然還大有可為。

7.3.2 返利刺激：移動團購大戰

2015 年，移動團購行業出了兩件事：一個是美團、大眾評價員工互毆，一個是百度糯米請用戶到釣魚台吃「國宴」。美團和大眾評價作為 2015 年以前中國最大的兩家團購網站，一直以來就是競爭狀態。兩家「燒錢」團購一度進入白熱化階段，而戰火更是從線下蔓延到了實際的線下場景。反觀百度糯米，倒是有一點「鷸蚌相爭，漁翁得利」的感覺。

實際上，美團和大眾評價的增長並不是那麼顯著，而百度糯米卻在「國宴慶生」當天，單日流水衝破兩億，同比增長七倍以上。而根據相關數據，百度糯米衝破了 30% 以上的市場份額，大眾評價已經被遠遠的甩到第三，美團份額也被迫跌至 50% 以下。

在美團和大眾評價一直打得不可開交之時，百度並沒有貿然行事。直到二者都已經有些乏力時，百度就收購了糯米網，透過百度糯米來搶占團購市場。沒有之前的「戰爭」消耗，百度糯米的返利就成了三者之中最高的，這也就為其吸引了很多用戶。

到 2015 年 10 月，美團和大眾評價開始宣布合併，構成了一個龐大的「新美大」。而它們也毫無意外的占據了市場 80% 的份額。但是，這並不表示百度糯米就成了這場戰爭的犧牲者。實際上，百度糯米依然在更加積極的「備戰」。

最初，返利刺激著各大消費者的感官。在「燒錢」模式下，客戶數量基本上就決定了網站品質。而隨著團購市場的漸漸飽和，返利雖然依舊在團購網中有著重要的位置，但是其重要程度已經漸漸向服務感受轉移了。這就意味著，在以返利為起點的移動端團購的爭奪中，對移動團購技術的要求更高了。

而百度糯米除了和百度搜索、百度地圖深度融合之外，還將線上巨大的本地生活服務流量高效轉化成線下實體消費。憑藉百度平台強大的數據收集和分析能力，提前預知周邊消費者的消費習慣、年齡層以及消費水平，幫商戶實現更有針對性及匹配性的選址布局。百度糯米還提供了模組化線上店鋪頁面，使商家能夠更加便捷的開店。同時，百度糯米還為商戶提供了一系列中後期服務環節，為商家提供一些經營策略等，這樣商家與顧客就能實現更好的資訊匹配，也就能為消費者帶來更好的消費體驗。

同時，百度糯米的「科學造節」以及免佣金政策，同樣為顧客們提供了更好的團購體驗，因為在用戶上，這樣的策略也是非常成功的。

百度糯米不僅在餐飲、美業、酒店、出行等傳統的團購領域繼續深入探索，而且對百度科技領域的發展、百度領先的人工智慧和機器學習技術也會帶來更多創新發展空間，使百多糯米能夠滿足人們當前更加智慧化、個性化的生活方式。

7.3.3 推廣連結：引消費賺提成

作為現在互聯網市場整合行銷的主流管道，百度推廣高利潤的特點，也挑起了激烈的市場競爭。但是百度推廣依然是中國最

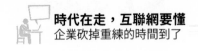

大的網路推廣方式，為各廣告主找到客戶、鎖定客戶、將其轉化為商業價值提供了最有效的管道。相較於傳統廣告，互聯網推廣的廣告更具有市場活力，而正是因為以下特點，百度推廣才能始終成為商家們推廣的首選。

1·方式：搜索＋網盟

百度的推廣分為兩種，一種是搜索推廣，也就是利用用戶的搜尋引擎選擇條件進行搜索，利用這種方式可以進一步提高用戶的精準度。還有一種是網盟推廣，即透過聯盟網站將產品推廣出去，側重於品牌和活動的展現上。二者相結合就能提高轉化效率，使商家利益最大化。

2·引流：品牌＋行業

百度推廣會針對行業以及品牌制訂多種行銷方案，進而對產品進行推廣。從品牌進行推廣，就能美化產品品牌，為整個品牌打響知名度。對廣告主而言，這樣的推廣價值，對整個品牌都是十分有利的。在百度推廣的一些品牌流量專區，如品牌華表、品牌起跑線等，不僅能提高品牌的曝光度，還能極大的提升客戶流量變現的效率。

而在行業推廣上，則有一些百度健康、百度教育專區，提高產品展現的豐富度，在整個行業中加深顧客對產品的印象，最終實現產品的高轉化率。

3·平台：電腦＋移動端

百度推廣和百度旗下多數產品一樣，在電腦端和移動端口都有所發展。電腦端推廣是百度多年來發展的優勢項目，這方面自

不用説。但是，近年來移動端口發展迅速，大有趕超電腦端的跡象。百度推廣也就結合互聯網的發展趨勢，將重心漸漸轉向移動端口。在移動端推廣上，百度也推出了百度移動網盟推廣。富有創意的更新著推廣模式。電腦端和移動端相結合，使商家獲得更多市場份額，實現推廣目的。

根據上述布局可以看到，百度推廣已經是非常成熟了。商家們也願意採取這種方式實現流量轉化。實際上，因為網路用戶的巨大市場，而百度又能為商家們提供利用這筆寶貴的用戶資源的平台。所以大多數商家都會選擇百度推廣代替傳統廣告。在為商家們引入流量的同時，百度也能從中受益，而且也是百度行銷收入中的很大一筆來源。

如果能利用好這樣的資源，百度的資金問題就不會對百度的發展構成威脅，在轉型的道路上，百度才能真正做到「不差錢」。

4‧網路眾籌：行銷籌資一體

2015 年 9 月 8 日，百度和中信信託共同推出了互聯網消費眾籌平台——百度眾籌。和以往商品銷售模式不同的是，消費眾籌平台採用的是一種全新的思路：商戶在眾籌平台提供各種產品，用戶透過購買消費券的方式，獲得該產品的提貨權。一年內，用戶都可以透過手中的消費券進行提貨消費，享受商品的會員價。若在此期間用戶不提貨，未消費部分則可以獲得 7~8% 的補償款。消費平台包含了消費和金融的雙重屬性，起售價也只是一元。

眾籌最開始只是融資的一種方式。但是隨著文化產業的包裹，眾籌就造成了 1＋1＞2 的效果。眾籌開始出現在大眾視野，

應該就是電影《大聖歸來》。這部電影透過眾籌的方式，不僅使片方在初期獲得了巨大的融資，而且在融資過程中，就已經為該電影奠定了很深厚的用戶基礎。從最初的《大聖歸來》再到《大魚海棠》，眾籌為電影的票房都做出了不小的貢獻。

眾籌與互聯網緊密聯繫之後，更是能利用互聯網這個龐大的用戶資源，最大效益的獲得千萬用戶的關注。而眾籌實際上與互聯網也有著很適宜的契合性。創意的文化類又夠吸引眼球，這樣就能使眾籌和互聯網很好的融合在一起，而這也是影視眾籌吸引百度，使得首款百度眾籌就使《戰馬》的原因。

百度眾籌還有一個出發點，就是站在客戶的角度思考問題。在眾籌的消費屬性上，消費者能夠購買到性價比高、廠家直銷的商品，享受高品質個性化的 B2C 服務消費。在實現消費的同時，還能為用戶理財。透過對到期消費的補償，讓沒有消費資金的消費者能夠擁有類金融權益。讓商戶實現商品和服務的銷售。

此外，眾籌還能將消費商品進行出售。一年期的消費金融產品可以透過平台進行轉讓，用戶可以自主定價、自由轉讓。實現權益流通，提升平台流動性。這就真正站在了消費者的角度，在為消費者帶來便利的基礎上來搭建平台。

消費眾籌平台同樣引用了百度大流量、雲端運算的互聯網優勢，與傳統消費行業形成互聯網合作。透過實現跨界合作，引用百度內部的各業務線，為傳統行業提供道路、支付、數據沉澱等閉環服務，使眾籌和互聯網更好的結合。

7.3.4 跨行投資：盈利行業合作

當今互聯網企業競爭激烈，百度作為一家線上型企業，O2O 策略布局一直在持續穩定的推進中。從百度近來在餐飲、出行行業的大力投資，可以看出百度現階段的最終目的就是打造一個完整的 O2O 本地生活服務場景。這就要求百度在保持線上優勢的同時，能夠穩步發展線下行業，獲得在垂直領域具有深厚行業資源積累以及線上線下運營經驗的合作夥伴。

在發展過程中，百度遇到的最大的問題其實就是搜索的入口和價值漸漸被分化。在過去，百度有著過半的搜索市場份額，而如今轉移到移動端之後，各類 APP 都具備了入口價值，而 APP 的數量相對於搜尋引擎而言是非常多的，這就導致了百度在搜索市場上的份額雖然依舊強勢，但也遠不如從前。

所以，百度必須重置策略。在從傳統互聯網型企業轉型的過程中，百度將目光主要集中在 O2O 生活場景服務上。透過 2015 年百度的投資圖就能很清楚的看到這一點。

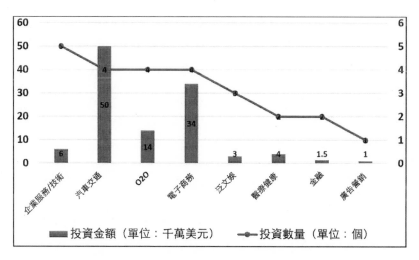

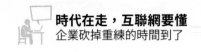
2015 年百度投資圖

按照百度以往的風格，雖然在起步上顯得有些緩慢而且讓人看不清楚，但實際上，百度的每一步都指向了一個完整的策略布局，只是這個布局需要經過一個階段才得以成型。同樣，百度投資其實也是有明確的指向的。早在 2010 年，百度就投資併購了愛奇藝，2011 年又投資了去哪裡網，除了 2014 年大手筆投資 91 外，一直以來百度在投資方面的進展其實相對較緩慢。而在當前，百度似乎加快了投資的步伐，主要集中力氣投資於電子商務和 O2O 行業，而在文化教育、交通物流、工具、網路安全方面，百度也有所涉及。

經過這樣一番布局，百度也基本形成了以百度糯米、百度地圖以及各分發平台為核心而發展起來的中高頻 O2O，而去哪裡、優步、蜜芽、e 袋洗等成為服務提供方。同時，百度還開發了以百度直通車為主的產品，覆蓋了線上線下的本地生活服務。

即使與其他行業投資併購之後，那些企業實際上依然是獨立運作的模式，百度投資和收購業務，都考慮到了該業務和自身平台的結合度。因此也可以說，百度投資其實是一個類似拼圖的過程，講究交叉融合的互補性。而在未來，百度這樣一個思路將會繼續細化發展，延伸應用於醫療教育等未開發行業，使百度實現「版圖擴張」。

7.3.5 評價機制：生活習慣導向

2016 年，百度發生的種種事件將百度推上輿論的風口浪尖。其實這些事件，都體現出百度傳統機制的不足，只是在以前發展

還未成熟時，矛盾並不顯得尖銳，而在當下，百度發展到了一個端口，這些矛盾才逐漸顯露出來。

如果說，在競價排名商業模式剛開始發展受挫時，是用戶習慣拯救了這一模式。那麼到今天，這種模式的失敗同樣是因為對用戶習慣的忽視。百度長久以來占據著搜索巨頭的位置，也就漸漸忘記了用戶的重要性，只是將策略目光、盈利模式放在企業身上。直到今天，出現了問題，這樣的價值觀才引起了百度的反思和注意。

2016 年 5 月 10 日，出現醫療事件的百度經歷了一場較為「深刻」的教訓之後，李彥宏給員工發了一封內部信，信中也提到「從管理層到員工對短期 KPI（關鍵績效指標）的追逐，我們的價值觀被擠壓變形了，業績增長凌駕於用戶體驗，簡單經營替代了簡單可依賴，我們與用戶漸行漸遠，我們與創業初期堅守的使命和價值觀漸行漸遠。」

在這樣的反思下，百度開始完善自身的用戶反饋機制。雖然仍然採用競價排名的方式，但是根據用戶們的意見，百度會加強自身的監管力度。同時在排名中，用戶對產品和服務的評價也不再被忽視，而是成為搜索排名的重要因素。在售後服務方面，百度專門與逸創雲客服合作，為百度雲加速和百度雲觀測建立了客戶支持平台，百度雲加速和百度雲觀測的用戶可以透過該平台提交工單，反饋問題。除百度雲加速、百度雲觀測外，百度糯米、百度網訊均在使用逸創雲客服。

除了售後服務的完善，百度還做出了一些改善自身形象的措施。2016 年 5 月，百度升級了網友權益保障計劃，增設十億元引

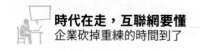

入第三方中立評估機構，這個權益保障計劃涵蓋了投訴、舉報、口碑評價、符合條件的賠付等多個受理管道，全面解決了網友們在使用百度搜索時可能出現的各類問題及風險。

同時，飽受爭議的百度貼吧，也開始關停「代運營」，以提升用戶體驗。其實百度是很清楚客戶對整個企業的重要性的。在很多投資的平台上，百度都提供了大數據智慧分析技術，從用戶體驗角度，提升產品競爭力。例如：百度直達號就是一套面向用戶的精準服務體系。還有百度糯米，也是透過用戶，使商家能夠更精準的定位。

以上可以看出，百度是真的開始將注意力從企業身上轉移到用戶身上。採取一系列致力於提高用戶體驗的措施，培養用戶的使用習慣，增強用戶黏性。這樣的互聯網時代，終究還是一個用戶至上的時代，只有擁有強大的用戶體系，百度才能在互聯網企業激烈的爭奪戰中立於不敗之地。

第 08 章
過渡型企業市場破局

對於處於傳統企業和互聯網企業之間的過渡型企業來說,向互聯網企業轉型是一個機會。在傳統行業中尋找互聯網商機,在互聯網剛剛起步之時的確是一個商機,但是隨著互聯網的深入發展,一大批發展迅速的互聯網企業開始崛起,這一類的公司就可能被淹沒在互聯網大潮中。

在向互聯網轉型的過程中,這一類的過渡型企業就能去粗取精,將整個企業的傳統因素進行變革,改造給企業扯後腿的因素,實現企業更加優化的配置,為企業尋找更好、更新的發展空間,為企業未來的發展打下基礎。

8.1 【案例】明源軟體「互聯網＋」

作為中國最大的房地產應用軟體供應商，2014 年，明源軟體在房地產還熱度不減的當口，實現了向互聯網的轉型，成為了最大的地產企業微信行銷平台。

明源這個名字乍聽之下或許很陌生，相較於互聯網企業三巨頭——百度、騰訊、阿里巴巴，這樣的一個企業要低調得多，即使這是一個已經成立 19 年，客戶超過五千家，市場占有率在 2014 年就超過 80%，客戶群體覆蓋地產百強中 93 家的行業巨頭。其經營範圍包括計算機軟體開發、硬體的設計、開發和購銷，資訊諮詢等，並深度致力於房地產管理模組研究和最佳管理實踐案例提煉。

8.1.1 近年崛起的地產新科

在前幾年，中國房地產行業正是大熱的時候，房地產開發投資巨大，房地產市場需求也十分可觀，但是和其他行業相比，作為傳統行業的房地產在資訊化上就差強人意了。所以在企業發展過程中，傳統房地產行業資源利用非常不充分。而同時，互聯網的崛起讓軟體開發走上了風口浪尖，在這種情況下，房地產軟體行業就發展起來了。

傳統房地產行業雖然利潤巨大，看似企業也能有非常大的利潤空間，但是在這樣一個傳統行業中，資訊其實是最重要的資源之一，如果資訊不流暢，就會出現很多發展問題：各分公司和項目管理部門資訊數據過於龐大冗雜，難以整理，也難以彙總分

析，容易造成資訊脫節；新老客戶資訊在銷售人員端處於分散狀態，很難進行綜合分類及追蹤；售前和售後資訊難以對接，容易造成銷售環節出現斷層，也難以跟進銷售狀態；手工業務處理降低了房地產公司的運營效率等。在房地產公司規模越來越大的情況下，提高效率也就成了企業面臨的主要難題之一，房地產軟體的出現就很好的迎合了這個市場。而明源就是其中的佼佼者。

明源軟體最初註冊是在 1997 年，總部設在深圳。成立之初，明源就推出了中國首個房地產售樓管理系統。從此之後，明源軟體就一直站在中國房地產軟體最前線，擁有中國最大的房地產應用軟體及解決方案供應商的地位。

明源軟體一直致力於為客戶提供新的產品，結合時下市場情況，科學開發多種類型管理軟體。2003 年時，明源就推出了以客戶生命全週期為核心的 CRM 售樓管理系統。CRM 即客戶關係管理，明源從銷售環節出發，按照客戶的細分情況有效分配企業的各類資源，培養以客戶為中心的經營習慣，實施以客戶為中心的管理流程，以此來留住客戶，提升顧客的滿意度，實現客戶價值的最大化。

為了解決企業內部資訊流通不暢的問題，在 2004 年，明源推出了「一條管理主線，兩大基礎平台，四個關鍵要素」的項目運營管理平台，又稱 POM 系統。這套系統是以「項目生命週期」為主線，透過工作流程管理平台和知識管理平台，對企業進行進度、品質、成本、現金流的全方位管理。

已經明確了以客戶為中心的策略，也實現了企業的全面管理，接下來地產行業要解決的問題就是企業資源分配了。於是

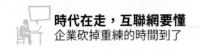
2006 年，明源又成功打造了中國首個地產 ERP（企業資源計劃）解決方案。為企業籌備物資資源、資金資源、資訊資源集成一體化管理的系統。這個系統可以在企業總部和各個分支機構之間實現動態、實時的資訊交換。同時，它還將企業的各種生產經營要素集成一個有機整體，使企業完成現代化的管理。

這三套系統就基本上構成了明源地產軟體的基本框架，同時也奠定了明源軟體在中國房地產軟體行業領航者的身分。但是明源軟體並沒有就此止步，在 2009 年成立了明源地產研究院，致力於改善企業產品，使產品不斷更新，配合市場。

有創新，有發展，明源軟體正是憑藉這種優良品質，才能在中國市場上始終居於榜首。在早期的發展上，就可以窺見這個企業良好的運作機制。因此在日後的發展中，這樣的企業也定會有讓人矚目的表現。

8.1.2 地產軟體方案供應商

明源軟體在 2009 年成立明源地產研究院，實際上也就開啟了明源的轉型之路。如果說之前的明源重點是放在房地產管理模組的開發，那麼成立研究院之後的明源也就在向服務行業方向發展。在開發管理軟體之餘，明源還同步推行了面向地產企業的諮詢和服務管理培訓。

這是明源的第一次轉身。但是隨著互聯網的發展，服務業也已經被甩入時代的浪潮中。只有進行互聯網行業的轉型，才能在互聯網時代中找到一片新的發展天地。在向互聯網轉型的過程中，原來傳統行業的許多方法就都要被拋棄，企業必須透過新思

維、新模式打造一個全新的企業。這也就是說,對有著過硬技術的明源而言,原來的一整套企業運作模式都需要被打破,甚至行業的邊界也需要突破。在這樣的情況下,2015 年,18 歲的明源開始了自己的轉型之路,並改名為「明源雲」。

在「互聯網+」的大潮下,整個房地產行業正在發生劇變,房地產在經歷幾年的飛速發展之後,也漸漸開始平穩了下來,市場開始出現產能過剩、利潤下降、去化困難等種種難題。明源的客戶群也就發生了變化,房地產開始轉變,這些房地產企業開始兼併收購中小房產,多元化整合資源。同時,他們也開始在地產之外擴展更多的功能、內容和服務。在客戶已經形成多元化的同時,提供商自然也必須變得更加多元化,以適應市場需求。

從發展策略角度看,明源不再像傳統企業那樣制訂「╳年計劃」,而是選擇一種不確定的創新文化。在發展的過程中不斷創新,不斷前進。與此同時,明源依舊保持著自己的「大殺器」——產品,作為技術基礎深厚的企業,產品就是明源發展的最終動力和決定性因素。因此在產品上,明源也必須有所創新,在光怪陸離的互聯網世界中才能大放異彩。

自主轉型之後的明源雲,將更好的面對互聯網時代的風雲。明源的轉型其實是非常符合互聯網市場的。沒有哪一種標準模式可以在互聯網時代一勞永逸,只有不斷迭代創新,才能站穩腳跟,所以明源的轉型就像是在互聯網時代中,已經準備好一套鎧甲,時刻準備著隨時可能突發的「戰役」。

8.1.3 地產商自己加互聯網

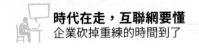
　　「互聯網＋」不僅僅出現在房地產軟體領域，同時，它也出現在房地產領域，對房地產行業而言，如果能彌補互聯網行業的不足，那麼對於企業的發展來說將是一次很大的飛越。上文中我們已經分析了其實「互聯網＋」最大的特點就在於它沒有邊界，各種行業之間都可以相互融合。其實這就給房地產軟體的市場帶來了危機。

　　透過互聯網轉型，一般的房地產公司在管理、運營、業務上都會有很大的轉變。傳統房地產商透過大數據打造線上平台，成立線下簽約中心，蒐集、跟蹤、分析客戶的消費行為，更好的為顧客提供個性化、針對性的建議，實現實體管道和線上管道的融合。

　　地產管理軟體是透過實現整合企業內部資源，實現企業運營效率最大化，這時就出現了一些業務上的衝突。房地產企業自身的管理系統已經打破了邊界，用於傳統的管理模式就不再適用了。傳統地產企業最重要的轉型是內部結構的靈活化，而不再是制度化。具體房地產企業的互聯網轉型，我們可以透過下面這個案例來看。

　　某公司是一個互聯網型房地產公司。它強化了房產環節中的各個部分的連接，打破了地產行業的傳統思維，真正從互聯網的角度出發，建立一個以技術創新降低成本、以用戶思維為導向、滿足用戶需求的平台。

　　在買賣雙方，企業提供專業化服務，加強人與人之間的聯絡與感情。再從買房入口到金融、租賃、裝修等，甚至把客戶端變成眾創的客戶，做社會經紀人分享，在線透過數據跟別人形成資源整合，提供社會化服務，從而形成整個客戶端服務資源平台化。

　　在行銷環節，企業透過整合經紀人，將房產的不可移動性轉移為經紀人的可移動性，尤其是透過社會經紀人的導入，將原本簡單的「商品展示」轉換為「口碑行銷」，讓潛在的消費者透過社會經紀人篩選和了解房地產產品，節約了看房時間。

　　透過企業 APP 將房源集中起來，擴大了消費者對產品的選擇面，將產品的不可複製性轉移到同類產品的代價上來。

　　透過經紀人的吸納，將「去中介」轉換成「扶持中介」，從思路上顛覆互聯網的去中間化的模式。這樣的考慮來源於房產行業的特殊性。中介在整個交易環節中有著極其重要的地位和作用，透過不斷擴大經紀人數量實現地產行業的長尾效應。

　　從這樣一個案例中，我們可以看到，企業在與客戶的關係上，行銷環節以及資源整合等方面都有了相應的調整。這剛好和明源的三個核心是相對應的。因此，房地產企業的轉型實際上對房地產軟體行業產生了衝擊。

　　在互聯網大潮中，企業面臨的危機實際上是普遍存在的，只是對處於傳統行業和互聯網企業交界處的地產軟體企業而言，如果沒能轉型成功，失去的就不僅僅是在互聯網上的優勢，還要背上更加沉重的傳統包袱。

8.2 【問題】軟體商轉型速度危機

　　在一個軟體的開發過程中，無數個開發理念被丟棄。一款軟體在開發過程中，就要不端進行增補。在互聯網發展下應運而生的軟體，有著與互聯網同樣的特點，那就是快。數位化的網路使

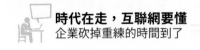

一切都成為可能。作為一切資訊的來源，大數據下的互聯網時刻都在改變著自己的內容，軟體開發在變化的數據基礎上，也必須實時更新，才能有市場。速度就成了軟體開發中的瓶頸。

8.2.1 被客戶誤讀的 IT 行業

一般來說，資訊技術行業也就是 IT 行業有三種分類：第一類是硬體。主要指對數據進行儲存、處理和傳輸的主機和網路通信設備。第二類就是軟體，指可以用來蒐集、儲存、搜尋、分析、應用、評估資訊的各種軟體，包括我們通常所指的 ERP、CRM、SCM 等商用管理軟體，也包括用來加強流程管理的工作流管理軟體、輔助分析的資料倉儲和數據挖掘軟體等。最後一類是應用類，也就是蒐集、儲存、搜尋、分析、應用、評估、使用各種資訊，應用各種軟體直接輔助決策，也包括利用其他決策分析模型或借助 DW/DM 等技術手段來進一步提高分析的品質，輔助決策者做決策。明源軟體雖然介於房地產和軟體行業之間，但是最基礎的核心行業依然是軟體行業。

通常，傳統行業的定義就是製造業、零售業等行業，軟體行業是依託互聯網發展而來的一個行業，因而也就很少被歸入到傳統企業之中。但是其實，我們現在說的互聯網轉型，並不是指「硬體」上的互聯網，而是一種思維模式，所以在軟體行業之中，也有傳統軟體企業的存在。那麼什麼是傳統的軟體行業呢？

傳統的軟體行業就是指以軟體開發、系統整合、應用服務為主體，買賣產品運行的版權和以提供產品升級、運營維護等服務為主要商業模式的企業。在傳統軟體企業之中，面臨的問題不會

比其他行業少，主要是在以下兩個方面。

1・產品

在以產品為核心的傳統軟體公司之中，最大的問題就是產品上的問題。傳統軟體公司雖然技術基礎深厚，但是面對如今日益多樣化、個性化的市場需求，原來軟體開發的速度已經遠遠趕不上市場變化的速度了。需求越來越多，市場變化越來越快，這就給軟體企業帶來了很大的困難。

其次，人力成本也在不斷攀升，企業的軟體開發更是受到嚴重的挑戰。成本上漲而市場要求也在不斷提高，這就導致了傳統軟體企業的生存危機。

2・盈利模式

傳統軟體企業是順應互聯網發展的潮流而發展起來的，如今，這樣的優勢已經惠及各個行業，軟體行業的優勢也就不再像從前了。

在互聯網的發展下，雲端運算、SDN、移動互聯網等新型商業模式和新的應用模式漸漸發展起來。定位服務、移動社群網路、移動微媒體、移動支付等基於移動互聯網的商業和應用迅速搶占了市場，電腦端有被取代的跡象。軟體行業就是在這樣的衝擊下，已經進入到在夾縫中求生存的狀態。

傳統軟體企業並不是在互聯網時代就不會受到影響，相反，正是因為「涉水太深」，相比其他一般的傳統行業，軟體行業有著更大的危機。

而軟體行業正是因為被誤解，客戶才沒辦法看到其在互聯網

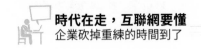

時代可能有的巨大變革及發展前景，從而對軟體行業失去信心。而這又加深了軟體行業的危機。

8.2.2 地產縮水致客戶縮水

對於中國這樣一個幅員遼闊而人口眾多的國家而言，房地產行業是一個發展歷史比較長遠，且一直以來都很有前景的行業。尤其是隨著人們經濟水平的提升，房地產行業在 2007 年迎來了爆發式增長。但是同時房地產行業也是一個變化非常大的行業。迅速的增長帶給了房地產行業很多泡沫，因此，在下跌之時，房地產行業也「摔得不輕」。

從房地產行業增長情況來看，2007 年的火爆很快就帶來了 2008 年的回落。2009 年上半年呈增長態勢，下半年又開始低增長。縱觀房地產行業，其行業特性決定了它不會有發展停滯的現象。但是就行業的增長而言，在中國政策和行業形勢的雙重影響下，房地產行業已經整體放緩，平穩增長了。

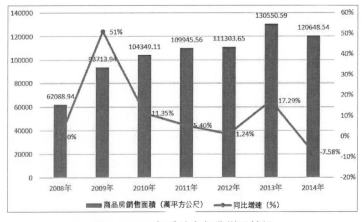

2008—2014 年房地產行業增長情況

從上圖中，我們可以看出，房地產行業的增速整體而言已經放低很多了，房地產行業的利潤相對於前幾年的「天價」，也已經漸漸正常了。房地產行業發展漸緩，必然會給房地產軟體行業也帶來一些變化。

房地產軟體其實是依賴於房地產行業的。在房地產行業快速發展時期，房地產企業越做越大，企業機構越來越龐雜，業務越來越精細。正是在這個條件下，房地產軟體才有了市場。透過為房地產企業提供管理系統，提高企業的運行效率。

隨著房地產行業的縮水，房地產企業的發展也就開始慢慢放緩，單純做企業內部管理軟體的開發對這些房地產企業已經沒什麼必要了。傳統地產軟體行業為房地產企業提供的只是一套提高管理效率的工具而已，但是，今天，房地產企業已經有了新的需求。

很多房地產傳統企業都在互聯網的轉型過程中失敗了，整個房地產行業也開始淘汰一些產能落後的小企業。最終生存下來的，都是在互聯網轉型中較為順利的大企業。對這些企業而言，管理模式並不是企業最重要的因素，因為地產軟體也應該開始向別的方向發展。

8.2.3 兩端客戶資源不對等

如今，在房地產行業，企業越來越龐雜，管理廠商一般都沒什麼作為。所以對於房地產軟體供應商而言，想要獲得業務，已經不能只是透過為企業提供管理模式來開拓市場了。軟體企業必須在互聯網思維下，尋找業務的新思路。

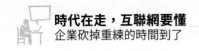

在買房過程中，很多資訊都是不透明的。其實這給房地產公司帶來了比內部管理更難解決的問題。內部資訊不通暢，還可以透過管理精化，但是外部資源不流暢，公司就很難解決了。

對於買房的客戶而言，開發商的免責、低責霸王條款、含糊的「精裝」標準，讓購屋者在買房時都會處於被動的局面。沒有合適的售樓資訊，不能方便及時的獲取各大地產方面的消息，造成了買房客戶在交易時的種種困難。

基於以上原因，客戶們買房時對資訊的不了解，就會導致他們在購買房產時，花費大量的時間和精力。即使能很快找到合適的房源，但是對各種資訊不了解時，就會對購買產生舉棋不定的猶豫心理。而這不僅對買房帶來了損失，對賣房的房地產商而言，也是低效率的重要原因。

在整個激烈的房地產市場競爭中，每個企業的客戶資訊都是被各自企業封閉保存的，用戶資訊較為隔絕。以前在賣方市場，賣家根本不擔心客戶來源，用戶資訊的需求也就不大。但是隨著房地產市場逐漸縮小，整個行業開始向買方市場轉移。

沒有足夠的客戶源，很多地產企業都會陷入危機之中。但是，對於地產商而言，怎樣將自己的資訊傳播出去同樣是個問題。報紙、電視廣告等一系列傳統的方式是沒什麼效益的。現在，移動端已經開始全面超越電腦端，因此，房地產商的爭奪就轉移到了手機上，房地產商的行銷模式發生了很大的變化。

而這種變化就是軟體供應商的轉變方向。以往軟體開發商也好，地產商也好，都是將重點放在企業上，現在必須要以用戶為核心，才能創造新的盈利增長點。

一般情況下，顧客去選購商品房時，會問售樓員基本資訊，但是售樓員往往是只能介紹戶型、設施等方面，介紹完之後售樓員也只會問一句「您確定要買嗎？」，而這個房子的市場價格變化、價格情況以及銷售情況，消費者都不清楚。如果能將這些資訊統一起來，直接讓消費者看到，將會給企業銷售帶來很大的便利。

因此，要想解決房地產軟體的問題，還是需先解決房地產企業的問題，而問題的核心就在於雙方資訊的不對稱上。

8.3 【措施】過渡需要敢為人先

在向互聯網企業的轉型過程中，其實很多時候都是沒有借鑒經驗的，互聯網為所有商業界帶來的變化就是個性化。每個企業都只能根據自身情況去探尋屬於自己的路，但是每個企業都會有適合自己的道路。互聯網的入口，其實是多樣的，但卻是狹窄的。在互聯網時代中，把握住了風口就能獲得快速發展，因此在這樣一個時代中，沒有什麼是不可能的，但是一旦落後了，行業的發展潛力再大，也錯過了時機。

所以，想在互聯網時代突圍，就要敢為人先，做不一樣的事情。首先把握住發展的先機，創造一個屬於自身企業的發展道路。

8.3.1 尋找市場：研究探索需求

在互聯網時代，不論是什麼行業，其實最終有市場的，只用

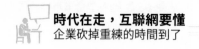

兩個字就可以概括——客戶。想要獲得發展機會，最後都要落到客戶上來。任何產品或服務，只有符合客戶的要求，才能在個人化的互聯網時代，獲得最大的資源。

明源地產過去將重點放在企業方面，軟體開發完全只是為了完成企業的管理優化。技術當然是可以繼續優化的，但對於市場而言，這並不是最重要的了。說到房地產行業和互聯網行業的過渡性企業，還有一個企業不得不提及，那就是房多多。

房多多一開始做線上賣房，但是很快就遭到了打擊。房子不像衣服等商品，買房子時，人們更希望獲得的是實際的體驗，因此這樣的模式是行不通的。而移動互聯網的興起，也為房多多提供了一個新的發展契機，很快房多多就成了一個移動互聯網房產交易平台。隨著互聯網轉型的帶動，在 2015 年，房多多成功轉型為一個 O2O 地產交易平台。正是這樣一個成功轉型的企業引起了明源軟體的注意，也才徹底改變了明源的發展思路。明源雲也就是從這樣的靈感中孵化出來的。

一直將目光集中在企業管理軟體開發上的明源，也看到了行業如今不一樣的格局。市場不再是由企業主導了。用戶端的大數據資源即將成為行業的發展核心。客戶端和企業端的連接，才是房地產行業的新型發展痛點。互聯網行業與房地產行業的結合，也不再僅僅是硬體上的組合。互聯網將行業的一切邊界都已經模糊化了。因此，想要重新打造「互聯網＋」傳統企業的核心優勢，就必須拓展行業的邊界，從 IT 行業向無邊界的服務方向發展。

在房地產軟體方面，明源一直是行業龍頭。在十幾年的發展中，房地產行業每年八萬億的新房銷售中，有將近一半是透過明

源的售樓管理軟體來管理的，這就給明源開拓客戶市場提供了很大的便利。

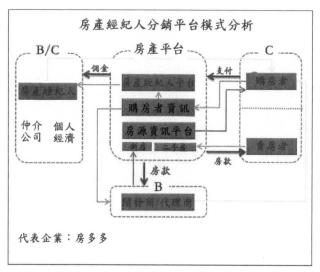

房多多 O2O 模式

　　有這樣的一個優勢，再透過明源雲，將購屋者與房地產公司售樓的數據直接打通，中間有時也會透過經紀人，將買賣雙方的真實資訊連接起來。在這樣的項目基礎上，明源才算是真正開始了向互聯網轉型的過程。

　　所以說，只有站在市場的需求上，才能把握市場。同樣，只有抓住了市場需求痛點，才能獲得市場的認可。

8.3.2 開發產品：雲端連接供應

　　明源雲平台的誕生，使企業現在擁有明源 ERP、明源雲客、明源雲採購、明源雲服務四大平台，透過四大平台提供雲行銷、

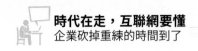

雲服務、雲計劃、雲利潤、雲彩招五大解決方案。根據這樣的定位，公司推出了「雲行銷、雲採購、雲服務」三個線上產品。

1 · 明源 ERP

這是明源傳統的管理系統。企業運營門戶是企業運營資訊的集成平台，是幫助企業管理層管理企業運營狀況的有效工具，ERP 系統直觀形象的方式將企業當前的運營資訊集中的展現出來，讓企業管理者隨時隨地了解企業整體運作狀況。

ERP 系統從房地產企業的特點出發，充分整合項目、資金、員工、資訊等內部資源和客戶、供應商、合作夥伴、投資者等外部資源，將地產企業的專業業務層面、財務層面、行政層面一體化整合，真正實現了地產企業「業務一體化運營」。

ERP 系統

　　這個時明源從一開始就在做產品。而今，在明源轉型之後，這樣的軟體業務實際上也沒被拋棄，而是隨著明源的發展依然在不斷壯大完善。

2‧明源雲行銷

　　為了解決快速去化客戶持續經營的問題，明源雲行銷形成了行銷房企、行銷部門基於客戶需求而產生的主要問題的解決方案和實施計劃。解決方案從高層關注、業務管控、平台支撐三個維度進行落地，以客戶案例及系統實現為主。

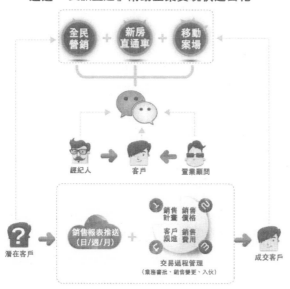

明源雲行銷幫企業「快速去化」

明源雲行銷用大數據平台分析客戶基礎數據、行為數據、交

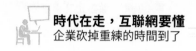

易數據，並且透過招募、入會、權益／優惠、活動、積分、服務直連客戶，來提升用戶體驗，實現精準行銷定位，增加拓客流量，高效跟進轉化，規範交易過程，達到快速去化。同時，交付好企業產品，實現持續經營。並透過客戶全生命週期經營管理，完成業務執行。最終制定策略管控，動態管理貨值，更好的實現現金流回籠，協助公司高層制定決策。

3・明源雲服務

明源雲服務在客戶方面提出三大解決方案：雲品質、雲客服、雲社區，分別對應好房子、好服務、好社區三大特點，透過建立客戶、產品全生命週期的透明連接，讓房企真正回歸到「用戶」，回歸到「產品」的本質。

好房子
移動驗房

好服務
移動客服

好社區
社區服務

好房子、好服務、好社區

明源雲服務接受業主日常的投訴、報修，也能夠給業主提供交流和學習的機會，為業主打造純粹的社區服務平台。為業主與地產商、業主和物業以及業主和業主之間搭建溝通的橋梁。

同時，該平台還透過會員的認證、註冊等，積累相應的會員資料，並在平台中實行分級管理，清晰劃分不同會員身分的權益。透過會員的權限的劃分，結合線上線下活動，有力的推廣企

業的品牌形象，助力行銷，實現老帶新，精準行銷。

8.3.3 穩定用戶：研討會吸引人

為了加強與用戶的聯繫，同時也為了使企業更好的與房地產行業最新前線對接，明源總是會舉辦一些研討會，在了解房地產行業的同時，與房地產商們分享自身資訊研究。透過資源交流，既促進技術上的發展，也增強了情感上的穩定。我們可以透過下面這則研討會的例子窺見研討會的盛況。

2015 年 6 月 5 日，內外互聯，採購創新──明源地產採購管理高峰論壇在南寧陽光財富國際大酒店順利召開。從 2015 年 4 月起，明源地產採購管理高峰論壇已經在中國十多個城市陸續舉行，受到了中國各地地產開發商們的廣泛好評。

近年來，地產百強紛紛入駐廣西，在給我們本土的開發商提供了更多的挑戰和競爭的同時，也帶來了更多新的管理理念。房地產市場進入白銀時代，地產企業紛紛推動策略轉型和管理創新，採購過程中如何提高效率、降低成本，尋求更優質的合作商，成為地產企業優化管理的重要一環。明源 18 年深耕地產企業管理，始終致力於把握時代脈搏，因時制宜的為企業提供更新更優的管理體系，解決地產企業管理中的難點與問題，2014 年明源雲採購上線至今短短一年時間，已經發展成擁有 600 家開發商、5 萬家供應商的行業最大的供應商招募平台，明源地產採購管理高峰論壇也是辦一場火一場，讓我們來看看南寧場的盛況。

嘉賓就坐，會議邀請了來自榮和、保利、龍光、寶能、招商、騁望、金源、匯東等的 70 多位採購負責人，南寧明源軟體公司總經理林傑峰先生為與會嘉賓做開場致辭。

明源雲採購事業部總經理周孝武先生為大家做了「內外互聯，採

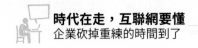

購變革——互聯網時代採購創新與實踐」主題演講，為大家分析了白銀時代下採招管理的發展趨勢，分享了互聯網時代下供應商選用育留的新方式，受到了大家的熱烈好評。

為了讓大家更直觀的了解雲採購的運作模式，會場設有專門的體驗區，中場茶歇時嘉賓們紛紛到體驗區進行了解，還有我們的工作人員為大家進行展示和答疑。

明源新採招的產品經理蔡青玉女士為大家做系統功能講解。理論知識太枯燥，小品穿插博君一笑，來明源採招峰會既可收穫滿滿乾貨，又可收穫輕鬆快樂。

討論環節，我們還邀請到了龍光、保利、榮和的採招負責人為大家做分享，標竿企業的成果和經驗為大家提供了新的思路和方法，並有幸與地產大咖面對面交流。

在整個研討會過程中，除了技術資訊，明源關注的也是氛圍上的活躍，研討會案例中處處可以看到研討會並不像一般嚴肅枯燥的專業討論會，反而是像老朋友之間的小聚、交流。而明源正是透過這種方式，聯繫地產方面的客戶資源。

2004 年，明源就開展了研討會這一業務。首個明源研討會就是中國房地產企業成本管理資訊化巡迴研討會。

該活動在上海、青島、重慶等城市陸續召開，實現產品與客戶的對接。隨後，以「聚焦客戶價值、建立持續競爭優勢」為主題的「中國房地產客戶關係管理（CRM）研討會」及「中國房地產項目運營管理（POM）研討會」於 2006 年在中國一線城市展開。2007 年以「聚焦客戶價值、建立持續競爭優勢」為主題的「中國房地產客戶關係管理（CRM）研討會」巡迴中國二、三線城市。

隨著現在明源雲的轉型，研討會這種形式雖然不再像軟體開發時期那樣，在產品誕生時期，就到各大城市巡迴開展，但是明源依舊會在不同的時期和地產商們進行交流，如今已經舉辦了五十多屆「明源圓桌系列沙龍活動」。用自身研究開發產品吸引客戶，使客戶及時了解公司動態，實現與客戶之間資訊的實時交流。

8.3.4 建立信任：把握原有客戶

明源的轉型，是從一個房地產管理軟體開發公司向整個生態產業鏈的轉移。以前只將重點放在房地產企業的明源在互聯網時代也開始關注整個產業鏈，從供應商、開發商到消費者，各個節點和環節之間全都進行布局。但是，實際上，明源依舊是以企業能夠更好的運營為出發點，進行探討開發。在明源的主體業務中，各大房地產商家依然是業務核心。

而轉型之後的明源，也是更加不負眾望，幫助原有房地產客戶在本身的行業裡取得了巨大的進步，比如說 2014 年，明源雲客項目團隊就幫助自己的老客戶吳中地產在整個進步放緩的房地產行業一路激流勇進，晉升為蘇州市場銷售 TOP3。

同樣，青島魯商作為明源的老客戶，在明源「雲客」項目上線之初就參與了進來，在前期儲備以及線下活動的預熱下，售出858 套房子，成交金額創造了當年青島新開房地產單日銷售量的記錄，推薦成交的交易額達到了 3 億元。

其實不只是吳中地產、青島魯商，房地產行業的巨頭——萬科，同樣也攜手明源雲客上線全民行銷平台「同享會」，從 2014

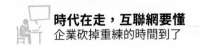
年 8 月到 2014 年 12 月，在短短近四個月的時間裡，一共註冊了經紀人 4,092 人，成交了 641 套，累積的成交金額達到了 2.5 億元。

從上面的三個公司成功的案例可以看出，針對這些老客戶，明源推出了一個全新的項目——雲客。明源雲客是明源雲開創的第一個互動式行銷、服務平台。該平台指向的問題主要是從銷售儲客階段、案場跟進階段、售後服務階段到社區服務階段的客戶關係管理。

對企業和客戶來說，明源雲客都是一種全新的行銷、服務模式，平台連接著客戶與供應端之間的資訊，實現了場外與場內客戶資源的打通，線上線下資訊流的打通，客戶關係管理短期行銷目標與長期品牌目標的打通。明源也是透過雲客這種模式，拉近了和很多「老朋友」的關係。

明源雲客的全民行銷模式，借助微信這一移動互聯網入口，開發社會各界人士，都來為開發上推薦購屋客戶，賺取佣金，提升了房地產商的市場廣度。

明源雲客還依託大數據，幫助職業顧問收集購屋者的需求資訊，合理匹配房產資源，幫助銷售經理調配房源、購屋者、銷售者。挖掘每個角色的價值，從各方面讓資訊匹配度更高，提高成交效率。明源雲客還為房地產企業提供了線上線下一站式整合行銷解決方案，有買方眾籌、微信支付、折扣券等金融工具，也有 O2O 模板、代運營等 O2O 應用，使房地產企業能夠有更加充足的市場，打造移動互聯社區。

在打造雲客項目時，明源採取了精英小團隊的做法，在短時間內召集了十個人的團隊，快速啟動項目。這些員工都是在明源

工作較長時間的員工，經驗技術非常成熟，明源將他們從各自的項目中抽出來，組成了一個攻堅團隊，進行封閉開發。同時，明源也直接基於微信平台做開發，透過微信平台向中國各地快速推廣。按時間進行更新，每週一次小更新，每月一次大更新，持續進行項目優化。

在這樣的條件下，明源雲客的發展十分快速，平台上已經有超過一千個的項目，而且每個月新項目的入駐都會有一百～200 個。

正是因為明源始終致力於不斷提升自己，站在地產商客戶的角度去思考商業模式，才有了明源雲的轉型。同樣，只有不斷發展項目，為房地產企業提出切實的盈利模式，幫助它們獲得經濟效益，才是贏得顧客信任，把握住舊客戶的最佳方式。

8.3.5 樹立品牌：競爭中建標竿

在互聯網時代，行業的邊界已經被打破，外行消滅內行，小企業反撲大企業的案例也是層出不窮，跨界吞併的思維模式也不再是不可能。在這樣的一個時代，其實已經沒有了所謂的「大企業優勢」。大公司也很可能在新的價值鏈中，優勢被削弱或者後台化，進而淪為邊緣化的公司。而一個企業一旦被邊緣化，也就意味著將要走向滅亡。

因此，作為房地產軟體曾經的行業冠軍，明源的大企業優勢已經不復存在了，在互聯網時代，周圍都是「如狼似虎」的競爭對手。

同時，明源還面臨著來自客戶的巨大挑戰。房地產商們開始

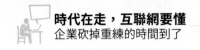
向泛地產商轉變，橫向兼併小企業，整合多元化資源，因此，房地產商們已經不僅僅只是房屋供應商，他們已經漸漸在原本的基礎業務中加入了更多的服務性的內容和功能。也就是說，房地產商們本身開始跨界。這個時候，明源也必須適應客戶進行轉型。

在這樣的轉型中，明源從一個簡單的軟體開發公司，漸漸發展到整個房地產行業供應鏈。最突出的表現就是明源轉型非常成功的一個平台——明源雲採購。

明源雲採購是針對房地產開發商、供應商、上下遊服務，為他們提供一站式採購招標投標服務的網路平台。

在這個平台上，有將近六萬家供應商入駐，形成了龐大的精品供應商庫。供應商和開發商透過線上的匹配，進行線下的對接，讓兩邊在很短的時間內，就能實現多家企業連接，並且，明源每個月都會在中國各地定期舉辦二～四場線下對接活動。這是明源在房地產供應商和開發商之間的布局，也是明源連接房地產商和顧客的重要端口。

明源雲採購是明源向整條產業鏈發展的一個標誌，它連接了客戶和房地產商，從銷售的過程解決房地產企業的問題，同樣也是整個房地產行業的獨創，為整個行業樹立了一個模範標竿。

8.3.6 不斷創新：做到人無我有

在互聯網時代，想要立於不敗之地，就必須實時創新，打造自己的不可替代性，只有這樣，才能讓客戶始終選擇自己。

明源也非常了解這一點，因而，在向互聯網轉型以來，明源就提出了不再設立計劃，而是根據市場進行迭代的策略決策。不

斷從現狀進行各方面的產品改進和業務調整，下面就以明源比較典型的雲客，來看看明源的創新。

明源雲客自 2014 年推出以來，短短兩年時間，已經更新到了雲客 4.0 版本。在明源雲客中，各種新科技的運用就能讓人非常直觀的看到明源的創新性。

人臉識別、VR 虛擬實境、大數據分析、iB eacon 連接、360°全景看房、快碼裂變傳播、智慧來電管理、客戶尊享評價體系最前線，都被明源用以打造一個多場景的雲客 4.0 平台。從實際運用場景出發，創造地產行銷不同場景需求的解決方案。那麼這些技術是否只是明源用以宣傳的噱頭，華而不實呢？

1・人臉識別

房地產案場安裝雲客 4.0 設備後，可以透過拍攝來訪者的臉部特徵，自動入庫，為商家儲存所有客戶。顧客再來的時候，攝影頭就可以用人臉識別技術識別出是來訪者還是老客戶，並且簡訊提醒這個客戶的置業顧問，這樣就能提高成交的機率。

這個技術雖然已經漸漸成熟，且在其他領域都有所運用，但是對於房地產領域而言，還是頭一次運用這樣的技術。而且，在地產企業中，飛單、漏單的情況時常發生，運用這種技術，就能很好的避免類似情況的發生。

2・VR 虛擬實境、360°全景看房

2016 年是 VR 技術大熱的一年，直播拉動了 VR 技術的風靡，VR 技術迅速成熟，一直處於科技的最前端。明源趁這個機會，也引進了 VR 技術，這樣既吸引人們的目光，同時，也能真正為買

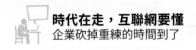
房顧客提供便利。

因為房產不像其他商品，可以線上購買。房子交易的金額一般都很大，而且因為房子本身就是用來居住的，因而消費者追求的一直是全面、實體的購買體驗。利用 VR 技術就能很好的完成消費者的要求。同時，很多時候，消費者甚至不能在實體看房中對房子有一個全面的了解，全景看房就能為消費者提供與實體看房不一樣但是同樣放心的看房體驗，這就拉動了商家買房的效率。

3 · iBeacon 連接

明源雲客 4.0 透過 iBeacon 技術，讓客戶在看房時，可以透過手機搖一搖，獲取定製化微樓書、戶型圖、房地產圖、購屋優惠券等，避免了用戶拿著一大堆資料不知如何下手的困難。同時，這樣一個技術還能讓顧客參與 O2O 遊戲，獲得小優惠，未上架即吸引客戶，對傳播自己的企業造成了很好的促進作用。

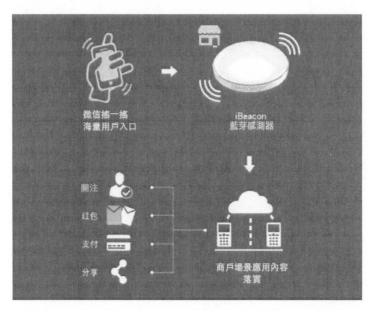

iBeacon 技術

　　雲客 4.0 還透過大數據形成雲行銷，利用快碼傳播、快碼登記、智慧來電管理的技術使房地產商家用科技精簡了購屋流程，為客戶帶來更好的購屋體驗，從而拉動房產銷售。

　　這些技術整合都是其他平台還沒有利用的，它們不是徒有其名的科技噱頭，而是明源站在客戶的角度為商家提供的種種技術支援。其實明源清楚，只有讓房地產企業真正抓住客戶，才能真正讓企業抓住市場，在這樣的基礎下進行個性化創新，才是明源最核心的技術優勢。

第 09 章
企業全網轉型的三要三不

在前幾章，根據各類傳統企業中互聯網轉型成功的大企業的案例，我們可以看出當前各行業中傳統企業面臨的危機，以及各傳統企業存在的主要問題。而後也從成功的企業中學習它們在互聯網時代轉型的經驗。

而本書從一開始，就介紹了傳統企業向互聯網轉型的必要性及一些基本概念。相信現在讀者已經深刻認識到，在這個時代，傳統企業要想生存下去，就必須要向互聯網轉型。並且對傳統企業向互聯網轉型的具體方法也有了一定的了解，但是在互聯網轉型的過程中，企業往往會因為在各方面的分散改革而忽略了總體原則，因此，本章我們就來看看互聯網轉型的大的原則。

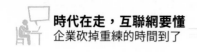
9.1 要割捨不要頑固

一些大型的傳統企業想要轉型成功絕非易事，因為對於長期以來累積的在傳統行業上的優勢，很多傳統企業的想法就是，利用現在傳統企業的優勢，慢慢往互聯網方向上靠，最後捨棄傳統，實現互聯網轉型。理論上，這是比較平穩而且完美的轉型方式，但是從實際操作上而言，這樣的方法基本上都會慘遭失敗。

這種不想丟棄「傳統」優勢的頑固想法，實際上也是傳統企業傳統思維的一個表現，而在互聯網轉型中，首先要丟棄的就是這種頑固的傳統思維。

9.1.1 若不捨累贅，則難以走更遠

首先，互聯網轉型依舊存在一個誤解：互聯網轉型＝互聯網企業轉型。但是實際上，企業的互聯網轉型並不僅僅只是公司主體業務從線下變成線上。互聯網轉型不是技術或者管理模式的更新，而是在向一種生態模式轉變。

就像海爾集團董事長張瑞敏曾經打過的一個比喻——「互聯網轉型等於把房子拆了另蓋。房子裡頭東西改改位置這個沒有問題，如果說房子方向太差必須拆掉另蓋」。這也就是說，不徹底的轉型，實際上對於傳統企業而言是沒有意義的。

傳統企業向互聯網轉型的過程中，因為傳統因子在企業文化中已經根深蒂固了，所以想要轉型，首先傳統企業要徹底放下束縛自己的種種累贅，輕裝上陣才能轉型成功。而傳統企業的主要累贅體現在以下幾個方面。

1‧體制

對傳統企業而言，最難改變的就是體制上的問題了，在過去，這種模式在傳統企業的發展中或許也隨之被不斷精簡，但是在互聯網企業中，這樣的模式對企業而言依舊是負擔過重了。

傳統企業體制負擔重

傳統企業在發展的過程中，經歷過很多時期，不斷變化的體制在每個時期顯示出各種不同的優勢。也正是因為它們是和企業一起不斷發展的，因而這樣的制度對企業而言已經不是隔絕獨立的存在，而是已經變成了一種和企業水乳交融的文化。這樣的文化承載著企業過去的種種榮光和優勢，幫助企業渡過了許多次難關，企業的運行也深深依賴著這樣的體制。在這種情況下，要企業放棄這樣的體制，就如同壯士斷腕一般，除了客觀上的難度，企業在情感上也難以割捨。

但是，這樣一套「戰功顯赫」的管理體制，在互聯網時代已經不再適用了。體制實際上反映的就是一個公司的思維模式，傳統企業的體制再精良，也依舊是一套規則化的體系，但是互聯網

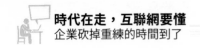

具有的是一種靈活的特性，連接這一切的互聯網如果有一套規則的話，那麼這套規則一定會壓抑互聯網的活力，使互聯網無法發揮真正的作用。

所以，對傳統企業來說，不論管理體制多麼精簡，或者曾經為企業帶來了多大的經濟效益，都不能因此就將其作為向互聯網行業過渡的管理模式。互聯網轉型是沒有退路的，也沒有一個過渡的過程，一旦開始轉型，就必須徹底而全面。

2‧模式

除了體制外，傳統企業的運營模式，也是企業本身很大的束縛。傳統企業本身的運作，是經過很長的探索期形成的。大多數傳統企業都是在自己的行業領域內專心做自己行業內的事情，在過去，能夠精通一個行業，就肯定能在行業中立於不敗之地。

但是在互聯網連接一切的特性下，與世隔絕的為自己的產品守住一個市場已經行不通了，各大企業都紛紛跨界。在以前是隔行如隔山，而到現在，各行業的邊界都已經模糊且交融了。所以，想要生存下去肯定是無法像過去一樣獨善其身的。

如果不丟掉這種傳統的運營模式，看似方便，但是實際上卻會給企業帶來很多其他的麻煩。在單一的商業模式背後，肯定會有更多的漏洞需要填補，而各方面的修補就會讓整個企業看起來無比臃腫。互聯網時代已經把各行業之間的距離無限拉近了，所以說企業要想更好的經營，就必須使企業的商業模式多樣化，這樣才能使企業整個運營更加和諧完整，也才不至於太過臃腫。

互聯網下各行業的融合

3 · 產品

很多傳統企業都是以產品作為優勢，在過去，以產品為主還能為企業帶來核心競爭力。但是在互聯網時代，產品是很難為企業提供很大的競爭優勢的。各種各樣的產品一經推出，就會迅速被取代，產品開發上的困難已經被降到很低了。人們更加關注的反而是服務上的體驗。

在前幾章中，個性化、差異化的服務已經講得很多了，就是因為它們的確是互聯網時代大多數客戶的要求。從產品向服務的轉移，雖然對企業提出了更高的要求，但是也是在為企業減輕「負擔」。將企業的產業從「重」在慢慢變「輕」。在互聯網時代，輕盈靈活才能使企業有最好的發展。

其實從上面三方面的分析中可以發現，傳統企業的累贅或者說難以改變的積習就是傳統企業過去的優勢所在。因為是優勢，

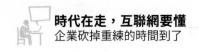

有其合理性，也給傳統企業帶來過很多好處，可也讓傳統企業產生可改可不改的僥倖心理。互聯網時代和傳統企業過去生存的時代實際上是非常不一樣的，那些在過去非常好的舉措，到今天可能會變成傳統企業的累贅甚至桎梏。

企業轉型，並不是一個安全平穩，可以順其自然的過程，它是一個充滿了艱辛的過程。任何企業都無法輕易就轉型為互聯網企業。這就要求傳統企業能認清現實，拋棄過去的一切優勢，在互聯網面前重煥光彩。

9.1.2 【案例】多線作戰被拖垮

在互聯網轉型的過程中，雖說要保持業務功能的多樣化，但是並不是說企業就要多業務多方向、沒有邊界的發展了，功能多樣並不意味著主體業務的多樣。過多的方向，反而會使每一個方向都只是淺嘗輒止，無法深入發展，最後走向失敗。一個典型的案例就是當年「傳奇」的盛大。

說到傳奇，它應該是很多線上遊戲玩家們心中殿堂級的遊戲。而說到傳奇背後的盛大遊戲，更是讓人唏噓不已。1999 年，陳天橋創立了盛大，到 2001 年時，陳天橋用公司全部的 30 萬美元從韓國 ACTOZ 公司拿下遊戲「傳奇」的代理權。而到 2004 年時，盛大就已經讓當時年僅 31 歲的陳天橋每天淨賺 100 萬，也帶給了他 90 億資產，使他成為了「中國互聯網的先驅」。

「中國互聯網的先驅」當然不是白叫的，早在 2004 年，盛大就已經開始了向互聯網的轉型之路。在中國很多人眼中，遊戲就是讓人玩物喪志的「精神鴉片」，或許是為了改變企業這種負面形

象，盛大在後來也開始從遊戲向娛樂方面轉型。盛大要變成集大型遊戲、休閒遊戲、電影、音樂以及其他互動內容於一體的綜合供應商。從盛大盒子、盛大文學到糖果社區、酷六網，陳天橋在對盛大進行轉型時，也在各個方向都為盛大創造了良好的條件。

1・文學

作為很多人眼中「精神鴉片」的遊戲公司，盛大為了改善自身形象，在擴展自己業務邊界上的第一步就是從文學開始。2004年，盛大收購了起點中文網。

而緊接著，2008 年，盛大又成立了自己的文學網站——盛大文學，並對榕樹下、紅袖添香等眾多文學網站進行了收購。從基本形式上看，這些網站都是網路文學的知名網站，為盛大文學也帶來了很優質的資源。盛大文學應該說有很強的實力，但是盛大文學很快就開始走下坡路，各種高管開始離職，一些知名的編輯和作家也紛紛離開了這些網站，盛大文學也漸漸變成了一個空殼，以前的名聲也漸漸消退，最後被騰訊收購。

2・影視

2009 年 6 月，盛大收購了華友世紀過半的股份，成為其控股股東。四個月後又透過華友世紀收購了酷 6 網，使得酷 6 成為盛大影視方面的子公司。

同樣，隨著酷 6 一些高管的「出走」。酷 6 視頻也開始走下坡路。在大規模向酷 6 投資，卻依然挽救不了其虧損擴大的情況之後，盛大將酷 6 轉為成本投入較低的視頻資訊網站。酷 6 也就漸漸退出了視頻行業的第一梯隊。

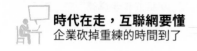
3 · 盛大盒子

在互聯網的布局上，盛大轉型除了轉向具體的行業，還有一個野心很大的綜合策略，就是整合個人電腦、電視、手機，涵蓋電影、音樂、遊戲、廣告、預付費和電子商務，打造一個「家庭娛樂策略」。這個策略核心就是「盛大盒子」。

盛大盒子

以硬體為核心構建生態，是當今很多互聯網公司的理念。陳天橋的「盛大盒子」同樣也有這樣的優勢。而到了今天，這樣的技術其實是被證實能夠成功實踐的，例如小米盒子。但是當時在盛大盒子的打造上，卻缺乏一個足夠吸引用戶和開發者的硬體。作為一個好的想法，卻並沒有很好的得到落實。

實際上，從盛大的轉型布局上而言是有很多可取之處的，陳天橋也是一個很有策略眼光的人，不然也不會成為當時中國最年輕的首富。但是在轉型過程中，盛大卻有一個致命的缺點，那就是戰線太多，企業無力支撐。2016 年盛大正式宣告將退出遊戲市場。

盛大退出遊戲市場

不論是影視、文學或是泛娛樂，盛大一開始都是投入了大資本的。但是作為一個遊戲公司，資金尚且不論，跨行業資源整合的難度就足以讓盛大焦頭爛額。尤其是當涉及這麼多個行業時，無論從精力上還是資金上，盛大都只能淺嘗輒止，而這也就使公司原本的優勢都消失殆盡，最後變成了公司的累贅，拖累整個公司的運營甚而拖垮公司。

9.1.3 【案例】取捨得當促發展

在充滿機會的互聯網時代，各種方向看起來有非常大的發展前景。對傳統企業來說，舊資源看起來也能在互聯網的改變下變成新方向。但是，傳統企業一旦選擇了過多的方向，就會像上述案例中的盛大企業那樣，無力支撐而被拖垮。如何在傳統企業的基礎上適當取捨，是傳統企業面臨的很重要的問題。

2016 年 7 月 20 日，《財富》世界五百強排行榜顯示，美的集團位列第 481 位，這是美的首次躋身世界五百強。實際上，美的在 2011 年開始新一輪的企業經營轉型，在這之後，美的就一直在中國家電行業處於首屈一指的地位。

2010 年，美的集團迎來了發展的第一個黃金時期，成為中國家電產業中第二家產值超過千億的集團。但是在這樣的發展高峰期，美的卻沒有沉浸在漂亮的成績裡，安然止步。

在依靠規模優勢、成本優勢獲得發展初期的巨大利潤之時，雖然美的年收入突破了一千億元，但是經營現金流卻為負，這也讓美的的管理層明白，在快速發展之後，「大規模，低成本」的模式終將難以為繼，要想持續發展，讓集團在未來獲得更頑強的生命力，就必須抓住現在這個黃金時期，尋找新的發展道路，為企業實現轉型。

美的在 2010 年，因為處於高速發展時期，企業的機構也正日益壯大，對於這樣一個企業而言，想要平穩進行轉型一定要付出很大的努力，不只是要求企業管理團隊有很強的領導管理能力，更要求企業能有轉型的勇氣和魄力。

1 · 退地、裁員

對一個擁有近二十萬員工、中國近十四個生產基地的大企業來說，美的轉型最重要的是先做減法。就像一艘大船面對巨浪想要掉頭，首先要減輕船的負重，這樣才能增加轉型的成功率。否則，就會因為負荷太重、速度太慢而被捲入巨浪之中。

一開始，美的就制定了從規模導向轉變成追求品質的轉型方

向。甚至從 2011 年起，美的就沒有在中國建過一個生產基地，也沒有新建過一天生產線。美的甚至還歸還了七千畝地給國家，固定資產上降低到了 70 億元。美的還採取了一系列去產能、去庫存、去槓桿的措施：優化結構、減少低端和低毛利產品的銷售和生產，停止簡單擴大再生產投資等，節省了企業資源，將企業的資源更多的用於產品研發和技術創新上。

在轉型期，傳統企業臃腫的機構也必須徹底改變，過多的產能消耗也會讓企業轉型失敗。在轉型過程中，美的集團也出現了上百億元下跌的情形。在這樣的局勢下，美的也採取了裁員的措施。裁員雖然給美的帶來了很多痛苦，但是這無疑也展現了美的轉型的決心。

2 · 盈利模式

從經濟基礎上進行了轉變的美的，自然也要將改革之手伸向上層建築。在「增長品質」的策略方針下，美的針對產品、效率、經營三個方向進行了不同程度的轉變。

因為減少了對土地和人員的投入，企業就有了更多的資金來進行產品研發和創新，這就將企業的核心策略在慢慢扳正：從資源向技術轉變。

而為了改善經營，美的則堅持透過聚焦資源、打造精品的清晰策略，捨棄了不盈利的銷售板塊。重點發展企業的優勢項目。

同時，在各方面的「減法」，不僅優化了企業的結構，更減少了企業多餘的資源消耗，使企業效益最大化。實現了「少即是多」的理念。

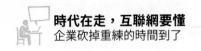

雖然在轉型開始之際受到了很多質疑，但是痛苦過後，總是會有成效，轉型之後的美的集團資產負債率大幅度下降，現金周轉率也加速，人均效率呈現翻倍的趨勢。

就像美的集團董事長方洪波曾經說的：「轉型就是取捨，要敢於取捨。有舍，才有得。轉型不是不發展，不是收縮，轉型是為了更好的可持續發展，收回拳頭是為了更好的再打出去。」只有像這樣該舍的舍，才能給企業更健康的發展條件。轉型的過程必然包含著捨棄，包含著痛苦，但是，只有經歷過這些痛苦，才會浴火重生。

9.2 要主動不要拖延

互聯網時代是一個「善變」的時代，因而，如果不及時轉型，就會很容易落後，甚至慘遭淘汰。但是同時，還有很多人對互聯網轉型有著很大恐懼，就像有些人說的「不轉型等死，轉型找死」，彷彿互聯網已經將所有傳統企業逼上絕路。

其實，互聯網轉型遠沒有那麼恐怖。對很多企業而言，這是一個重新發展的好機會。只要抓住了這個風口，就能一路順勢而上，獲得很大的利潤。但是，很多企業就是在猶豫中，錯失了轉型的良機。互聯網轉型的情勢也是時刻都在改變，等下一個發展時機再來，企業很可能就已經被淘汰了。所以這個時候，企業就要主動擁抱互聯網，不能拖延。

9.2.1 總是在觀望，競爭輸一籌

在當今時代，互聯網與各個行業、諸多領域相互融合，深刻的改變著傳統的生產方式、商業模式和管理模式。站在互聯網的風口上順勢而為，就能輕易使一個企業或者一個行業騰飛起來，互聯網的大融合已經成為不可抗拒的潮流。當今，對企業而言，錯過互聯網經濟，不僅僅是錯過了一個產業，而是錯過了一個時代。

如果企業不能積極的對接互聯網平台，那麼不論是多麼強大的企業，都可能會被市場拋下。比如在前幾章中分析過的百度，作為電商三巨頭之一，雖然現在百度的轉型漸入佳境，但阿里巴巴和騰訊依然有著更好的發展趨勢。為什麼？就是因為，百度雖然抓住了進入互聯網的時機，但是卻沒有在轉型之際及時擁抱互聯網，才導致了後來發展的相對緩慢。這是一個「必須擁抱，否則就會落伍」的領域，因而，長時間觀望對傳統企業只會有害無益。

1·被動轉型太痛苦

理論上，傳統企業融入互聯網有兩種可能：等著互聯網的風吹來，也就是以大平台的互聯網轉型來帶動小企業，巧借東風。或是自己主動擁抱互聯網，實現轉型。

被動等著「互聯網」的大風颳來，是很危險的。機會能不能來尚且不說，但被動模式對傳統企業來說，本身也是有問題的。當今互聯網加任何一個行業都有無限可能，如果只是跟著那些大企業走，互聯網金融熱就只做互聯網金融，互聯網電商熱就只做電商，這樣的投機思維在互聯網時代是不行的。這些人似乎都很相信「站在風口上，豬也能飛起來」這句話。但是在亦步亦趨行

為模式之下，這樣的投機行為真的能長久嗎？每個人都想著輕鬆現成的轉型方向，那麼這個方向還能成為風口嗎？

站在風口上豬也能飛起來

　　同時，被大企業帶著被迫轉型之時，傳統企業就會喪失很多的主動權，到那個時候，很多取捨也就不是企業自身能決定的了，這自然會給企業轉型帶來很大的痛苦，也會給企業轉型帶來很大的危機。被動的轉型也通常是沒有目的的盲目的發展，最後都會失去方向。

2．等待中危機重重

　　在當下，互聯網仍然是風口方向，所以很多企業就會說：「現在轉型還不晚，看看形勢更保險。」但是在互聯網時代，並不是你不參與，就無人參與了。在互聯網帶來更多的發展方向的同時，也創造了更窄的發展入口。也可以說，互聯網轉型實則是逆水行舟，不進則退的一個舉措。

逆水行舟的轉型

　　在這個時代，每個企業都在搶占著互聯網時代的入口。而互聯網開放的資訊平台，也讓越來越多的企業走在發展的風口上，不轉型或者還在觀望的傳統企業，在對手迅速崛起的情況下就像溫水中的青蛙，危險可能不是立刻就出現，但是一旦讓人察覺到危險，傳統企業再想脫身，就很難了。

　　互聯網永遠在發展，時代永遠在變化，沒有哪一種觀望就能為企業轉型找到一個完美的時機，就像西方有句諺語所說的「這裡就是羅德島，要跳就在這裡跳」。等你弄清楚當下的發展契機，這個發展方向早就成為案例被別人寫進商業歷史，在互聯網時代，精心布局只是紙上談兵，只有跳進大潮中，遇到問題，解決問題，才是企業真正的轉型方式。

跳進互聯網大潮中

　　企業能主動擁抱互聯網，在把握主動權的同時，其實也是主動在為企業未來發展找一個明確的方向。互聯網時代是競爭激烈而混亂的時代，如果能夠確定企業的發展核心，對企業以後的發展才能有一個大致的框架，也才不至於在越來越混亂的互聯網道路上迷失。

9.2.2 【案例】手機硬漢成磚頭

　　2013 年 9 月三日，微軟宣布以七十二億美元收購剛剛在智慧機領域合作兩年半的 Nokia，收購內容包括手機業務，也包括相關的專利授權。至此，Nokia 手機走下神壇，同時也宣告了 Nokia 手機在智慧手機時代的終結。

　　在智慧手機席捲全球之時，Nokia 的衰落其實可以說也是有跡可循的。但是在 2011 年，另一個老牌通信業巨頭摩托羅拉同樣被 Google 收購，Google 當時的出價是 125 億美元，而在兩年後，曾經的「手機之王」Nokia 的收購價卻只有摩托羅拉的六成不到。從 Nokia 走向巔峰到落下雲端，這個過程實在太快，落差之大也

令人咋舌。那麼到底是什麼原因讓這個曾經的行業翹楚變得如此狼狽不堪呢？

1 · 昔日榮耀太輝煌

在行業處於第一的位置太穩固，導致 Nokia 在出現危機時，還依然保持著自己的「驕傲」。作為行業的老大，Nokia 選擇作業系統的理由和一般的企業不一樣，它看重的是能否讓自己成為領導者。當時還有很多人認為，如果 Nokia 能夠接受 Android 系統，那麼依靠其出色的硬體水平，還不至於會被整個行業拋棄。

但是在 Nokia 看來，選擇 Android 系統最大的前景也只是成為 Google 的最大代工廠商，但選擇微軟，則意味著另一個手機系統的生態建設。兩相權衡之下，Nokia 選擇了微軟，但是一直以來，Windows 手機系統遲遲落後於其他系統，導致最後 Nokia 也是無路可退。

2 · 策略上的猶豫

在智慧手機崛起之時，因為對傳統優勢的固守，在面對互聯網時，Nokia 在很長時間內都處於一種觀望和盲目自信的狀態。Symbian 系統已經落後於時代，而智慧手機市場基本上已經呈現二分趨勢：蘋果的 iOS 系統和 Google 的 Android 系統各執一端。但是 Nokia 選擇了和 Intel 合作 MeeGo。

但是很快，Nokia 就放棄了這個計劃，之前的投入全部打了水漂。儘管基於 MeeGo 的 N9 手機在發布不到一週的時間內，取得了還不錯的市場反響，Nokia 依舊執著的要放棄這一策略，將重點重新轉向 Windows Phone 的開發商，而這個時候，和微軟結

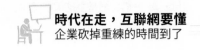

盟的 Windows Phone 的開發，基本上又是從零開始，Nokia 的投入可想而知。

3·行動上的遲緩

正是因為對自己以前的成績還無法放下，這份曾經的輝煌就變成了今日的累贅。固守著傳統優勢的 Nokia，在轉型的時期，對以前的自己太過相信，同時又對當前市場缺乏了解，就導致了在策略上舉棋不定，而策略上的猶豫，一定就會帶來行動上的遲緩。

2007 年，iPhone 到來的時候，Nokia 還嘲諷蘋果──「賈伯斯先得把品牌知名度轉換為市場份額」。而占據四成以上市場份額的 Nokia，在三星、HTC 等安卓系統手機的擠壓下，市場占有率迅速下降至 25%，接著被三星超越。

模擬機轉 2G 手機，Nokia 超越了摩托羅拉；在 3G 智慧時代，Nokia 應該清楚，如果不改變，歷史就會重演。但是在 iPhone 推出一年之後，Nokia 才推出第一款觸控技術的手機，雖然這樣的技術，Nokia 在幾年前就已經掌握了。

Nokia 第一款觸控手機

因為不願意放棄自身優勢而改變的 Nokia，到今天被人提起，只剩下摔不壞的「板磚」印象。在轉型浪潮前，猶豫、拖延都只會讓企業錯失發展機遇，跟不上時代的步伐，而被時代所淘汰。

9.2.3 【案例】小門市變大網站

1987 年，國美電器在北京創立，那個時候的國美還不是像現在這樣，是一個中國各地連鎖性的大型電器商城，那時的國美還只是一個不足一百平方公尺的小店。但是，在中國起步較早的家電零售行業，國美發展得很快。到 2005 年時，國美就成為了中國連鎖經營行業的季軍，並在家電連鎖行業蟬聯了冠軍。而基本上從那時起，國美就一直是線下電商零售業的領跑者。

而在互聯網時期，國美並不是從一開始就義無反顧的投入轉型的大潮。2012 年，作為國美競爭對手的蘇寧倒是快國美一步，重點為線上電器零售的布局，而直到 2014 年，在短暫的觀望之後，國美意識到，等待是沒有意義的，也開始了線上的重點推進，雖然轉型時期的國美也可以説是小心翼翼，但是它知道，走得慢不是致命的，無盡的等待才是最致命的。

電子商務帶來的巨大衝擊，使一向「戰況激烈」的家電連鎖市場開始紛紛轉型為「雙線作戰」。國美也成立了「國美在線」。但是此時的國美依然是將業務中心放在線下實體店方面，這也是「國美在線」這個名字中所顯示的態度：僅僅只是將線上作為自己的策略補充。

2013 年時，傳統企業的互聯網轉型出現了新的發展契機——移動互聯網。而國美就及時抓住了這個發展機會，利用移動互聯

網，做 O2O 融合。因為在之前，國美就在線上線下都有布局，在商品、物流、服務能力、會員構想等方面，國美利用自身優勢很容易就能實現融合，以最小的成本使推廣效果得到最大化。

在移動互聯網發展成熟之後，國美就利用各種策略開始進行整合，提出了 O2M 策略。也就是「線下實體店＋線上電商＋移動終端」的組合運營模式。在線上，國美用第一年免佣金的形式來吸引商戶，用電商大平台為消費者提供服務。在線下，實體門市開展智慧化升級，與百貨超市展開全面策略合作。把線上和線下的「全管道」消費體驗升級為互相貫通的「全零售」體驗。站在消費者的立場上，為他們提供跨越管道和設備的購物。並且還對消費者的需求進行分析，引入商品潮流，營造出全面的粉絲經濟。

現在，國美依然是家電零售行業的領軍企業，和以前不一樣的是，現在的國美已經從線下的佼佼者變成了線上線下全面發展的強勢互聯網型企業。雖然在 2011 年成立線上的國美一直到 2014 年才開始快速前進，但是，國美依然在互聯網時代沒有掉隊。這對於尚在猶豫的傳統企業而言也是一個經驗，投入互聯網轉型，並不意味著盲目觸網，而是要在向互聯網靠攏的過程中，慢慢探索出屬於自己的發展道路。而最重要的，就是不能觀望，不能只做互聯網的旁觀者。

9.3 要堅持，不要放棄

互聯網會給企業發展帶來很多可能，發展過程中，互聯網的

變化是很大的，可能轉型還沒有完成，下一個風口就已經又出現了。在這樣的情況下，很多企業可能會對互聯網感到有點無奈，甚至放棄互聯網轉型，安安心心的「以不變應萬變」。

這樣肯定是不行的，時代從來只是向前發展，這樣投機取巧的心態當然也只是無奈之舉。還有一些企業則相反，牢牢抓住互聯網的風口，這個錯過了，就等下一個，抓住下一個。這樣「等風來」的做法也是行不通的，想要在互聯網時代成功轉型，也許機遇是難得的，但很多時候，機遇並不是最重要的，重要的是企業要堅定自己的方向。

9.3.1 改革非兒戲，善變一場空

互聯網時代是變化的時代，這種多變也慢慢抹去了人們的耐心。現代社會越軍來越軍浮躁，很多企業在轉型之際都希望一採取措施，就能立馬收到成效。但是在市場中，雖然資訊在時間上的距離已經無限縮短了，但在市場的反饋過程中，依然還是有一定的時間延遲的。在大資訊時代，市場到商家的反饋機制是成熟了，但是產品或服務接觸到客戶的時間實際上卻延長了。顧客需要在龐大的資訊網中慢慢篩選自己需要的東西，所以到反饋時，還是需要一定的時間的。因而對於企業而言，轉型還是非常需要耐心的，不能半途而廢。

1・認清互聯網形式

我們常說，「互聯網＋」是風口，但是，與其把「互聯網＋」說成是風口，還不如說，它是一個機會，一個創造風口的機會。互聯網轉型促進了各傳統行業和互聯網的融合，創造出了巨大的

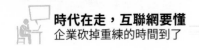

行業轉型紅利期，這才是互聯網的真正價值。

同時，互聯網也不是互聯網行銷，或者電商平台的同義詞。互聯網轉型遠不是一個詞彙、一個模式就能概括的。很多企業以為將線下業務轉移到線上就完成了互聯網轉型，以致於後來沒能得到好的成效就輕易「收兵」。所以說，對轉型的傳統企業而言，一定要先認識清楚，互聯網轉型絕對不是表面上的加上網路行銷，而是一種更加深入的商業模式。這樣才能在以後的發展中更加順利。

2．不能盲目跟風

互聯網改革中，並沒有一套現成的模式，它只是為人們提供了一個方向，因此，即使有很多企業在轉型中獲得了成功，也不能完全生搬硬套別人的模式，盲目跟風，否則只是自取滅亡。

互聯網轉型下盲目跟風

所以說，任何企業在向互聯網轉型時都要分清楚自己處於什

麼階段，找準互聯網世界的入口，找到屬於自己的發展模式。從互聯網出發，真正改變企業面貌，深入對企業進行改革重組，最後實現企業發展新生。生搬硬套他人的轉型經驗，最然看起來簡單明了，但是成功率卻會很低。只有找到自己的發展模式，企業才不會在互聯網轉型路上走太多彎路。

3 · 堅持自己的方向

找到了適合自己的發展道路，企業接下來要做的事情就是不能放棄。在互聯網時代，會有很多迅速崛起的成功案例，它們也許是和本企業完全不一樣的發展模式。在這樣的誘惑下，有些企業就會改變自己的發展方向，想要快速取得成功。但是很多時候，成功都是不可複製的。而只要找到適合自己的發展模式，不論過程如何漫長，只要堅持下去，總也能實現互聯網轉型。

所以說，企業在轉型中最重要的還是要會思考，結合自身情況找到屬於自己的發展模式，這樣的策略計劃才能得到長久的實行，企業也才能在轉型的道路上堅持下來。而在堅持中，企業的才能實現成功轉型，帶來真正的改變。

9.3.2 【案例】失敗的億唐網

互聯網大潮在中國剛剛興起時，崛起了一大批互聯網企業，包括新浪、搜狐等一些現在知名的老牌網站，也包括一些已經消失在大眾視野裡的網站，比如億唐網。

雖然現在已經被人遺忘，但剛崛起時，這個身上貼著「明黃 e 代」的互聯網新貴也可謂風生水起，那句「今天有否億唐」也是風靡一時。

億唐的誕生，可以說是「含著金湯匙」。畢業於哈佛商學院MBA專業的唐海松創立了億唐，在公司中又有由五個哈佛MBA和兩個芝加哥大學MBA組成的「夢幻隊」，並且憑藉誘人的方案，億唐在美國獲得風險投資五千萬美元左右的融資。當時的億唐致力於打造一個「生活時尚集團」，想透過網路、零售和無線服務創造和引進國際先進水平的生活時尚產品。

在成立之初，億唐網就憑藉資金優勢在各大高校迅速「攻城掠地」。在北京、廣州、深圳興辦公司並且廣招人手，進行聲勢浩大的宣傳造勢活動。而在網站內容上，億唐就只是草草布局了。億唐網的內容雖然看起來全面，但是和其他網站相比幾乎沒有任何優勢。其他門戶有的東西，億唐都有；其他門戶沒有的，億唐也沒有。除了郵箱等少數有一點點價值的服務之外，億唐完全沒有任何有特色的業務，也沒有為當時的互聯網業務做出任何貢獻。

而和億唐同時期的各大網站，如新浪的新聞、網易的聊天室、搜狐的引擎都在互聯網行業建立了不錯的口碑，億唐卻在轉型時期漸漸衰落。因為定位不準確，沒有特色，億唐也沒能在這個風口上繼續發展下去，最後億唐淪落為一個CET考試的官方消息發布網站。

在互聯網轉型中，億唐網的失敗其實從開始就有跡可循。沒有自己的特色，而只是跟在別人後面，重複模仿別人的東西。始終沒能有一個屬於自己的清晰的定位。雖然抓住了互聯網的風口，但是，這樣的發展道路是無法繼續下去的。一旦過了風口的紅利期，企業發展就會難以為繼。

9.3.3 【案例】跌倒不怕，再站起來

互聯網的發展，帶來了資訊的開放，也給了市場上所有企業一個平等的發展機會。在互聯網轉型這場大戰中，很多小企業利用這樣的資源環境逆襲而上，因而也就有很多大企業「損失慘重」。迅雷就是其中的一員。

互聯網為人們帶來了豐富的娛樂和遊戲，伴隨著需求的增加，下載軟體也就風靡一時。迅雷作為一款互聯網重要的下載通道，在互聯網的發展史上有著重要的地位，甚至到今天，迅雷依然是為數不多的幾款電腦必安裝軟體之一。在迅雷的發展過程中，產品版本也是隨著市場不斷更新換代，憑藉著廣大的用戶市場，迅雷也一直沒有跌落過，巔峰時期甚至做到了對下載領域的壟斷。但是隨著互聯網的侵入，這個互聯網老前輩卻顯得有點力不從心。

在早期，迅雷除了下載之外，對行業相關的業務也進行了一定的探索，例如迅雷快傳、迅雷雲播等產品，但是很多只是一時的轟動，隨著時間漸漸在市場上消失了。而在互聯網轉型的時機到來之時，迅雷同樣也進行了一些探索，但是，其結果卻遠沒有互聯網拓荒時期的同伴——騰訊那麼成功，甚至被很多後起之秀甩在了身後。

迅雷一開始就收購了一款非常優秀的圖片處理軟體：光影魔術手，它是一款較早的圖片處理軟體，2008 年，這款軟體曾獲得了中國幾乎所有權威數字媒體的一致好評。從這其實也能看出迅雷拓展自己業務的決心以及策略眼光。但是，在接下來的發展中，這款軟體卻走了下坡路，2014 年，項目組就解散了。

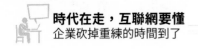

　　而除了圖片處理方面的嘗試，迅雷還有一個宏偉的計劃。作為重要的入口下載工具，迅雷計劃利用自己的入口優勢和自身資源優勢建立一個基於資源分享的互動社區，迅雷就開發了一個迅雷鄰居，這種社群＋資源分享的模式無疑是具有前瞻性的，從當時已經出現的網盤在今天的發展就可以看出來，這樣的計劃本身是沒有問題的，但是軟體卻因為可能涉及、侵犯用戶隱私，而不得不最終宣告失敗。

　　經過種種失敗的迅雷並沒有氣餒，2012 年，迅雷發布了名為「迅雷方舟」的興趣分享項目，試圖搭建一個烏托邦式的資源分享平台。這個平台包括了社群、資源分享、雲端儲存等諸多功能，看似發展前景廣闊。但是，因為版權問題遲遲得不到解決，這個計劃也不得不宣告破產。

　　在 2011 年時，迅雷曾嘗試過上市，但是上市的結果卻不盡如人意，同時迅雷還在那時失去了狗狗搜索，失敗的上市讓其元氣大傷。2013 年，迅雷終於上市成功了，但是這期間心酸曲折，也讓迅雷在接下來的兩年中被笑話了很久。於是，迅雷在移動互聯網風口到來之際，也沒有力氣做出較大的動作。但是這並不意味著迅雷便就此止步了。

　　經過互聯網重重「洗禮」之後的迅雷，出售了訊雷看看，這也意味著迅雷的目光開始從視頻業務上轉移了。與此同時，迅雷在互聯網方面開始向星域 CDN 等方向前進。

　　星域 CDN 是新一代互聯網內容分發網路，以迅雷十年來的下載和加速技術為基礎，擁有中國首創的無線節點、星域調度、弱網加速、動態防禦等技術特點，可以為用戶提供遊戲下載、應

用、視頻、智慧硬體、在線直播五大專業解決方案。它將共享經濟引入了雲端運算行業,並且成功實現了商業化。

因為這個項目透過眾籌了無數家庭中的限制寬頻,星域 CDN 可以獲取無限的寬頻資源,將海量寬頻資源以超低成本輸送至互聯網企業。在這些方面的獨創性,星域 CDN 在市場上還是取得了非常不錯的成績,為迅雷也帶來了一定的收益。

雖然迅雷在互聯網轉型的過程中一直都不順利,但是能夠在混亂的互聯網大潮中生存下來,就已經證明了迅雷的實力。而在整個過程中,迅雷也是一直沒有放棄過向互聯網的轉型,雖然現在迅雷的發展仍然沒有回到過去那樣的巔峰狀態,但是在以後,它堅持不懈的轉型發展同樣讓人值得期待。

官網

國家圖書館出版品預行編目資料

時代在走 , 互聯網要懂 : 企業砍掉重練的時間到
了 / 閻河 , 李桂華編著 . -- 第一版 . -- 臺北市 :
崧博出版 : 崧燁文化發行 , 2020.08
　面 ； 公分
ISBN 978-957-735-987-2(平裝)

1. 企業管理 2. 網際網路

494　　　109010592

時代在走，互聯網要懂：
企業砍掉重練的時間到了

臉書

作　　　者：閻河、李桂華 編著
發 行 人：黃振庭
出 版 者：崧博出版事業有限公司
發 行 者：崧燁文化事業有限公司
E - m a i l：sonbookservice@gmail.com
粉 絲 頁：https://www.facebook.com/sonbookss/
網　　　址：https://sonbook.net/
地　　　址：台北市中正區重慶南路一段六十一號八樓 815 室
Rm. 815, 8F., No.61, Sec. 1, Chongqing S. Rd., Zhongzheng Dist., Taipei City 100,
Taiwan (R.O.C)
電　　　話：(02)2370-3310　　　傳　　真：(02) 2388-1990
總 經 銷：紅螞蟻圖書有限公司
地　　　址：台北市內湖區舊宗路二段 121 巷 19 號
電　　　話：02-2795-3656　　　傳　　真：02-2795-4100
印　　　刷：京峯彩色印刷有限公司（京峰數位）

── 版權聲明 ──

定　　　價：360 元
發行日期： 2020 年 8 月第一版
◎本書以 POD 印製